『カビと酵母』〔新装版〕補訂表

編集の過程で本文中に以下の不備・誤りが生じました。訂正の上、訳者ならびに読者のみなさまにお詫び申し上げます。

（八坂書房編集部）

頁・行	誤	正
40・1	常に高い濃度のアセトアルデヒドは、産膜酵母によってアルコールが酸化されることによってつくり	にシェリー酵母を接種、通気攪拌培養することによって、短時日のうちにシェリーを製造しようとす《二行差替》
220・1	――《一行目脱落》	オクラトキシンの濃度が法的に規制されている。

カビと酵母

—生活の中の微生物—

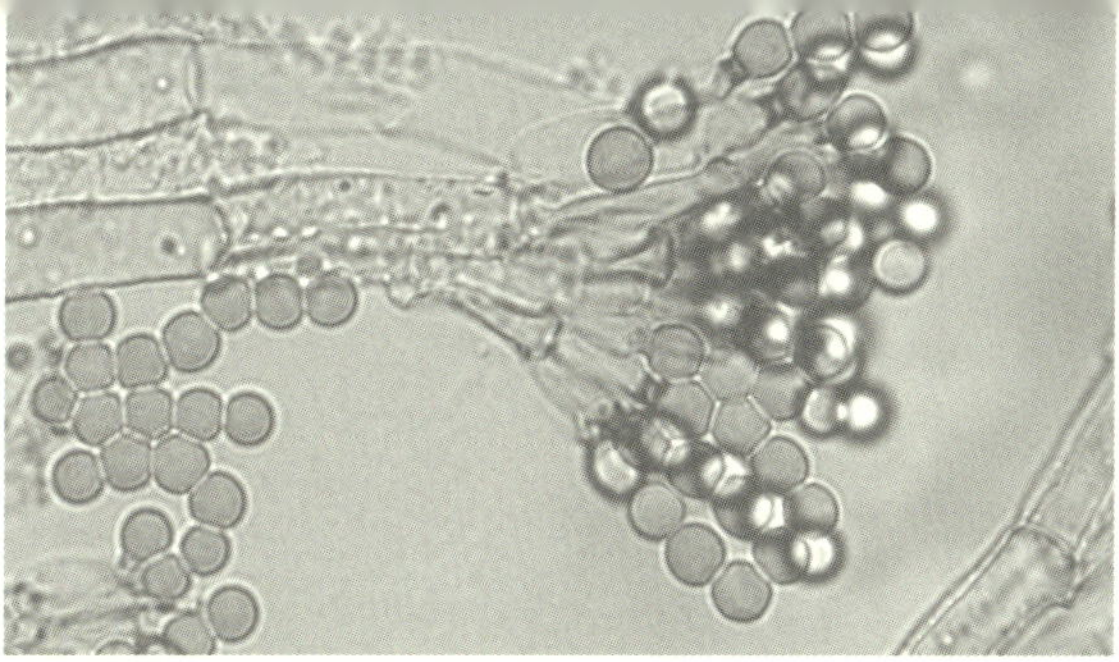

カビと酵母

◆生活の中の微生物◆

小崎道雄・椿 啓介 編著

八坂書房

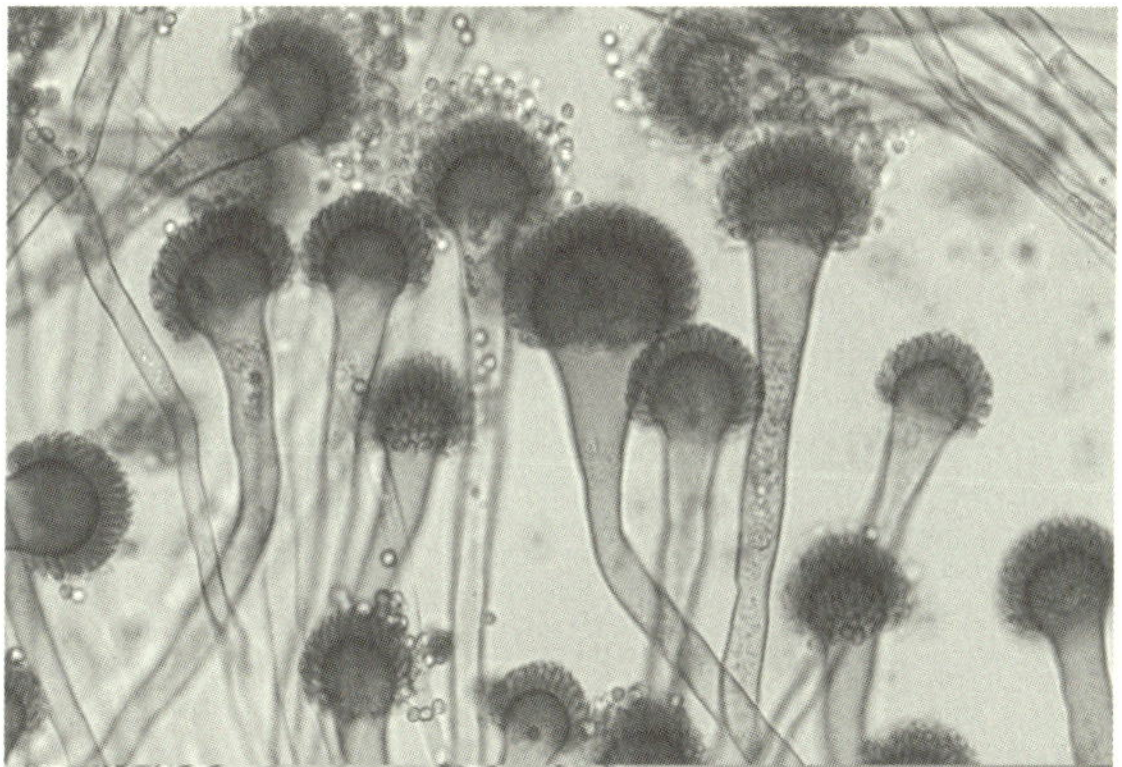

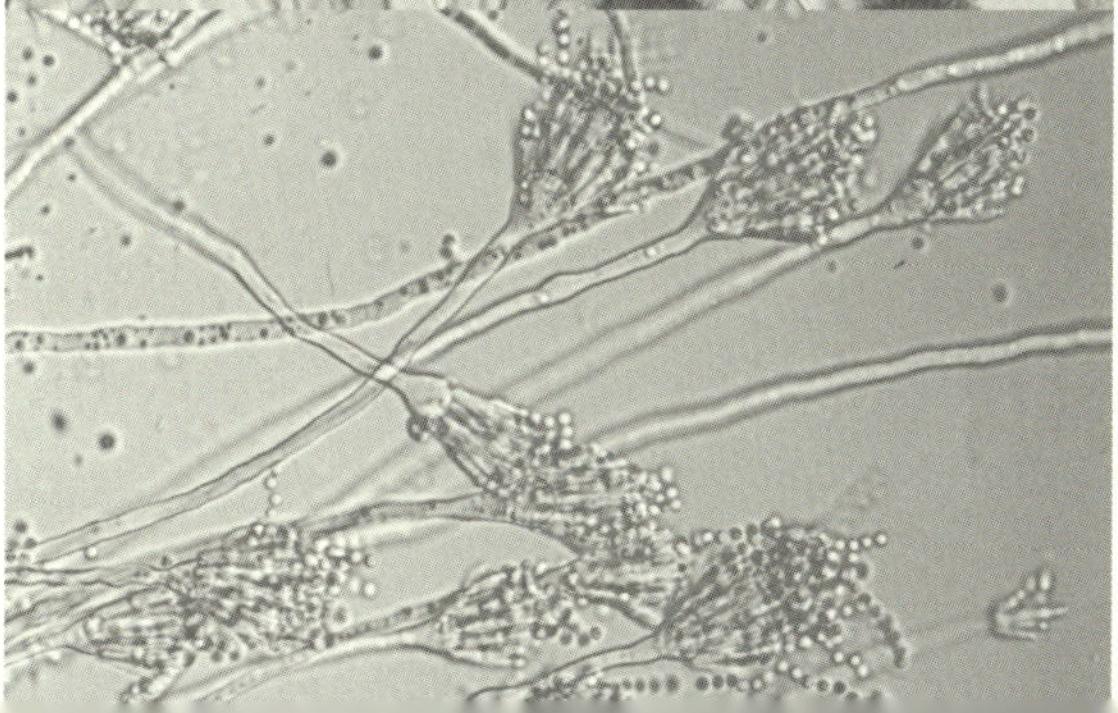

はしがき

野生ブドウの種が、古代人の遺跡から発見された。人は、太古のむかしから酵母の発酵によって醸される酒を嗜んでいたのである。それほど、人の生活とカビ・酵母とのかかわり合いは古く、かつ深い。

よく知られているように、この酵母細胞をはじめて肉眼でみたのはレーウェンフックであるが、生物と化学の両面から本格的に解析を加えたのは、発酵学の祖と言われるパストゥールである。酵母研究の夜明けであった。

パストゥールの死後、数年を経て、生きた酵母によってのみ起こると考えられていたアルコール発酵が、すり潰した生命のない酵母細胞の抽出液によっても進行する事実が、ブフナー兄弟によって証明された。チマーゼ酵素の発見であり、酵素化学研究の嚆矢となった研究である。

これらの有名な研究が引き金となって、その後の酵母の研究は、生態学、細胞学、分類学などの生物学的研究と、発酵醸造を含めた生化学的研究領域として発展してきた。その後、今からおよそ五〇年前に、分子生物学が導入されるようになって、この領域はともに表裏の関係を保って展開してきた。

特に遺伝子組換え技術によって新規の有用微生物の構築がさかんに行なわれるようになった。

酵母は単細胞の真核生物であり、取扱いが他の真核生物に較べて容易である。したがって、研究用の真核細胞のモデル系として、ますます重要度が高くなってきている。たとえば、コウジカビやクモノスカビの持つ優れたアミラーゼを酵母細胞に導入・発現させるようにし、生の穀類から直接アルコールを生成させたり、また、醸造酵母に対して、雑酵母の成育を阻止するキラー性を与えるなど、酒づくりの方面からもいくつかの成功が数えられる。

また、酵母の分類学の研究も、化学分類学や分子系統学研究の手法が取り込まれ、経験の乏しい若い研究者でも同定が可能なまでになってきた。あるいは、医学の分野では、カビが作り出す物質の影響がさかんに研究されている。

ともかく酵母の持つ能力はきわめて高いから、基礎と応用両方へと、研究領域が波状的に広がり、したがって、以前に数倍する数多くの研究者が酵母の研究に取り組むようになっている。

ただ、調査や研究というものは、必ずしも計画または考えのとおりに進むとはかぎらない。もちろん、予想以上の成果に恵まれることもあるが、往々にして、地道な日々の積み重ねが必要であり、時には挫折し、発想の転換を余儀なくされることもある。ところが、このような苦心・失敗、あるいは喜びは、報告文となった論文からは読み取ることはできない。成果として実った果実の裏にある着眼点や発想法、乗り越えた苦しみ、また快哉こそ意義の深い、役に立つところがあるのではなかろうか。このようなことは多くの人が経験したことであろう。

こんなことを、茶を飲みながら椿啓介先生と話し合った。そうして、苦心談や成功談を皆様から出し合ってもらったら、失敗したときの励みともなり、次への発進が容易になり、なにがしかの助けになるのではなかろうか、と考えた。そうして各分野の先生方に執筆をお願いしたのである。

筆をとっていただいた方々は、酵母やカビの分野ではそれぞれ著名な人ばかりである。先生方には、これまで長年にわたる研究生活から成果を一つを選んで、そこに至るまでの過程をお書き願ったのだが、それぞれに苦しみや喜び・熱意の滲んだ豊かな、そうして励みになる文をいただいた。考えの展開が素晴らしい。しかも硬軟両方の内容、文章スタイルの違いなどには専門の特徴が現われ、執筆していただいた先生方それぞれの心組みまで感じられて、たいへんに興味深い。

仕事の合間に、また発想を換えて行き詰まりを打開しようとするとき、さらなる飛躍の踏み台として、この本が役に立てば幸いである。

また、微生物という、専門外からは模糊としてみえる生物と相対している私たちの目をとおして、わずかでも、カビ・酵母という身近な生き物の姿を理解していただくことができれば、望外の幸せである。

ともかく、不備なところが見られるが、これは編者の力不足であり、心からお詫びを申し上げる。

本書の刊行にあたって、八坂書房社主の八坂安守氏、並びに編集部の中居恵子氏に心から感謝を申し上げる次第である。

小崎道雄

ジャワの酒チウは分裂酵母でつくられる

小崎道雄

ルソン島北部山岳に住むイフガオ族の米酒（タプイ）は、サッカロミコプシス属（*Saccharomycopsis*）酵母で米を糖化し、サッカロミセス属（*Saccharomyces*）の働きで酒をつくる。酵母だけで米から醸し出す酒であった。この新しい現象を証明したのが一九七五年であった。それ以来フィリピンから始まり、タイ、ベトナム、ラオス、インドネシアなど東南アジア各国の米酒と酒づくりの微生物給源になっている餅麹（へいきく）の調査を続けてきた。

一九九〇年の六月、中部ジャワのヨクジャカルタにあるガジャマダ大学食品工学科で、国際発酵食品会議が開かれた。この会議で講演を頼まれたのを機に、中部および東部ジャワの餅麹と米酒の調査と試料の採取のための旅行を計画した。

中部ジャワの餅麹は、スラカルタ（ソロ市）でつくられ、米酒や甘酒はこの餅麹を使ってスラカルタ市より一〇キロメートルばかり南下したウオノギリ町でつくられる。共同研究者のカプティ・ラハユー博士（現在はガジャマダ大学農業科学工学部、部長）は、即座にウオノギリ町出身の院生と計り、四日後の早朝には、餅麴調査のためにスラカルタへ出発した。

餅麴は町中のいくつかの小さな民家でつくられていた。杵つき石臼と餅麴乾燥用の蚕棚などをそなえているだけの家族レベルの作業であり、製法はタイのルクパン、フィリピンのブボッドと基本的に大差はなく、小型餅麴である。餅麴屋三軒をまわり、次いで、米酒醸造農家をウオノギリ町に訪ねる。しかし教えられた農家からは、ほのかに酒の香りがするのに、軒並み「酒も甘酒も製造していない」と断られた。インドネシアはイスラム教国であり、酒造など以ってのほか、と取りつく島もない。密造の摘発をおそれたらしい。途方に暮れていたら、ウオノギリ出身の学生が、近くにチウをつくっている農家を知っているという。まさに渡りに船の話である。早速、チウ製造農家の調査に切り換えた。

その結果は、思わぬチウ調査から、分裂酵母とのはじめての出会いとなったのである。

チウとの出会い

甘蔗(かんしゃ)搾汁をそのまま発酵させたサトウキビ酒は、フィリピンのバシ、ベトナムのアビエタタウなど、熱帯圏のあちこちにある。しかし糖蜜からのチウは、サトウキビ酒を原料として蒸溜した酒ではない。甘蔗搾汁から蔗糖を採りさったあとの糖蜜を原料として発酵後蒸溜したもので、ラムやランバノフ、アラックなどの仲間として知られている。チウ（ciu）は中国語の酎、いわゆる焼酎の酎で、濃い酒を意味するなどから中国伝来の酒であることに間違いはない。南宋のころから中国では蒸溜技術を持っていたから、移住した中国の人とともにジャワ島に酎製造が伝わったのであろう。

ともかくヨクジャカルタからスラカルタへの道沿いは広々としたサトウキビ畑で、その中に大きな製糖工場がある。したがってチウの原料の糖蜜は容易に手に入る。この付近にチウ製造が盛んなのも当然であろう。

学生の案内でウオノギリ町に近いスコハルジョ町にあるジャワ独特の黒ずんだ赤褐色屋根のチウ製造所を訪ねた。壮年夫妻と一〇代の手伝い三名の典型的な農家レベルの工場である。屋内には甘いアルコール香が漂っていた。

製法はラムと似て、六〇％近くの糖質を含む糖蜜をまず加熱し、発酵用ドラム罐へ移し水で一二％の糖度まで落とし、pHを六・〇に調整する。ドラム罐には酵母が付着しているから、ただちに発酵が始まる。培養酵母は使用せず、ドラム罐の残存酵母が働く。数代前から同様の方法を繰り返しているから、次第に優良酵母が選択され、間違いなくアルコール発酵は進行する。五日ないし七日間発酵後、写真のような素朴ならんびき型でただちに蒸

ドラム罐を用いたチウの発酵

溜し、チウとする。「らんびき」とはアラビア語の蒸溜器を意味する「アランビック」が語源らしい。

若い醪(もろみ)と古い醪をそれぞれ用意した殺菌乳糖デンプン混合末へ採り、ガジャマダ大学へ持ち帰った。

ジャワのチウは分裂酵母がつくる

翌朝、チウの醪に生息する酵母はおそらくサッカロミセスであろうと、高を括って持ち帰った試料を検鏡した途端、息を呑んだ。視野に分裂酵母ばかりが観察されたのである。菌糸体はない。隔壁が細胞の真ん中にわずかに盛り上がって見えた。分裂酵母はこれまで保存株以外見たことはなかった。特定の場所にのみ生息しているから、私の研究範囲には生息していないものと思っていた。隣の実験室にいたカプティ博士に、採集したチウの酵母は出芽酵母でなく分裂酵母だと伝えたら、奇声をあげた。おそらく私の高揚した感情が写ったのであろうか。その声を聞き付けて院生たちが集まってきた。次々に顕微鏡を覗き、はじめて見る分裂酵母に感激していた。

スコハルジョのチウ製造所では、四～五代前、およそ一〇〇年前のころからチウをつくっているが、まったく培養酵母を添加したことはなく、醪から醪へ自然発酵を繰り返してきたという。ジャワのチウはすべて分裂酵母を使用しているのだろうか。興味が湧いてきた。しかし、帰国の日も迫り、いくつかのチウ工場から試料を集めるには時間が足りない。ガジャマダ大学の先生に採取を依頼するには、なお、不安もあった。

後ろ髪を引かれる思いでヨクジャカルタを後にした。

チウ座の村

それから二年後の一九九二年九月、ふたたびジャワ島のボゴールとヨクジャカルタを訪ねた。今回は米酒用でなく、タペシンコン（キャッサバを酵母で甘くした発酵食品）やタペケタン（モチ米の甘酒）製造用の餅麹を集め、その製法を知るためであった。しかし、前に調査の時間がなく疑問を残したままになっていたジャワ島のチウ製造酵母が、間違いなく分裂酵母であることを確かめることも、大きな目的であった。前回の経験もあり、カプティ博士も手際よく準備していたので、丸一日を要する調査も今回は容易に運ぶことができた。

ガジャマダ大学を早朝に出発したワゴン車はプランバナン遺跡を左手に眺めて走り、やがてサトウキビ畑が一面に続く道に入った。収穫したサトウキビを運ぶ軽便鉄道の細いレールが道と平行に走り、広大な製糖工場に消える。

チウの蒸溜器

二時間ばかりでジャワ島の奈良といわれるスラカルタ市へ到着した。前回タペ用の餅麹を買い求めた餅麹屋の付近を通り抜けて、さらに三〇分ばかり走ると、目的地のバコナン・モホロカン村へ入った。ウオノギリ町の近くである。

この村は二本の狭い行き止まりの道が平行に走っていて、家々は道の間にゆったりと間隔を取って並んでいた。その中央には泥色のレンガ壁に大きなブリキ製の尖塔をつけたモスクが、集会場を兼ねたように建っていた。村に入ると、あたりに糖蜜特有の甘い香りがどこからともなく漂ってきた。

村の農家数は四〇軒ばかりで、このうちの八八%近くの三五軒が直接チウを世襲としてつくっていた。残りの五軒も大なり小なりチウにかかわりを持っているそうだから、全村がチウの醸造に携わっていることになる。ただ、インドネシアはムスリムの国であるから、禁酒を守っている。チウも六〇度以上のアルコール濃度を持つ医薬を兼ねたものとして売られているという。ともかく、同業が集団をつくっていて一種のチウの田舎座であった。

ジャックフルーツの大木のある奥のチウ農家をまず選んで調査を開始した。中国系の主人の案内で調査を始める。秣(まぐさ)の干してある庭を踏んで入ったところに八平方メートルの広さのある屋根だけの穴蔵が掘ってあり、その中には糖蜜が一杯流し込んである。周囲には枠も仕切りもなく、深さもわからない。足を滑らせたらそれこそ命取りになる。

糖蜜倉につながる屋内には発酵中のドラム罐が五〇本ばかりあちこちに並び、その間に蒸溜器が二基ある。ともかく発酵に六～七日かかるから、一日に七～八本のドラム罐に酒を仕込み、発酵の終わった醪を蒸溜していることになる。蒸溜器は、古い型の泡盛蒸溜器に似ていた。蒸溜技術はおそらくチウ醸造とともに中国から伝えられたと思うが、「らんびき」型である。しかし、焼酎用の古い蒸溜器のように、甑(こしき)の下釜に簀の子はのせていない。糖蜜の発酵液は酒粕や芋焼酎のように固形物ではなく、さらりとしてさばけがよいから簀の子を置かなくても物料の焦げつく心配はないからであろう。

醸造物を蒸溜してアルコール濃度を高くし飲みやすくする方法は、紀元前の古代アビシニアにすでに存在したと言われるから、メソポタミア平原から中国を経て伝播しジャワにいたったのであろう。今もジャワ島のチウはおもに中国人の手にある。

村中がチウ座になっているバコナン・モホロカン村で最初に見学した農家はチウ醸造の規模でいえばもっとも大きく、ほかの農家はドラム罐を二〇ほど並べている程度であった。これらの農家の中から、三つの工場を選び、仕込み直後、発酵最盛期、蒸溜前およびドラム罐残液中からベトベトの試料をできるかぎり多く、採集瓶や袋に集め、その日のうちにガジャマダ大学へ持ち帰っ

サトウキビ酒発酵中の醪

た。

赤道に近く位置するジャワ島は夕方六時になるとつるべ落としに暗くなる。夕食はそのままに早速研究室に試料を持ち込んだころには、あたりは暗闇だった。蛍光灯の下ですべての醪試料を検鏡すると、細菌はきわめて少なく、酵母のみであり、その酵母もすべて分裂増殖型であった。出芽酵母は生息していない。間違いなくジャワ島中部のチウ発酵酵母は分裂酵母が主役であることを明確にすることができた。

また、持ち帰った試料中の酵母の総菌数を素早く測定し、一方で分離を院生とともに手分けして行なったが、農家の試料によって多少の変動はあっても、一ミリリットルの醪に半日から一日後には一千万から三億におよぶ酵母数が計測された。したがって一、二日後には醪中の酵母はすでに増殖の定静期に入り、アルコール発酵を盛んに行なっていることになる。醪発酵のドラム罐は一応流水で十分に洗ってはいるが、ドラム罐には、次の発酵を進行させるために十分な酵母が残存しているからであろう。二、三日経過したドラム罐は泡が盛り上がってこぼれているものもあった。分裂酵母の発酵力もサッカロミセスと同様に実に素早く強いものであることを今更のように知った。

また、分離した細胞はやや細長い楕円または球形で糸状形態は見当たらない。細胞はくびれず横断壁を形成して栄養増殖を行なっていた。また一〇日以上斜面に置いたものには子嚢が見られ、球形の胞子が三〜四個並んでいた。まさしくシゾサッカロミセス属（*Schizosaccharomyces*）であった。

分離酵母の諸性質については、すでに昭和女子大学大学院の紀要（二巻七七頁一九九二年）にシゾサッカロミセス・ポンベ（*Schizosaccharomyces pombe*）に属する酵母であると報告している。

この四〇戸くらいの小さな村がすべてチウ醸造に従事し、しかも酵母種を接種することなく一〇〇年近く数代にわたって自然発酵を継続していることは驚きであった。今後さらに詳細に酵母を調べたら、詳しい事実が発見されるのではなかろうか。

ともかくシゾサッカロミセス属は、最初タンザニアのキビからつくるポンベ酒（いわゆるアフリカビール）から分離された。日本酒やビールを醸造するサッカロミセスと似た性質を有するものの、栄養細胞は出芽法でなく、細菌のように分裂によって増殖する。またカビ型の生長も示すエンドミセス（*Endomyces*）酵母にも近い。カビにもまた出芽酵母にも似た点もあり、極論すれば、子囊菌の中で酵母型とカビ型を結ぶ中間の酵母ともいえる。

またシゾサッカロミセス属の分離源は、ポンベ酒やハワイの糖蜜発酵酒や、樹木の樹液、ヤシ酒などが多い。ジャワ島のチウ発酵酵母のシゾサッカロミセスがどのように伝播してきたかは不明だが、おそらくチウ醸造技術とともに移り住むようになったのであろう。

ジャワ島のチウは発酵法によって糖蜜をアルコールに変え蒸溜して製造されるが、その発酵は分離酵母のシゾサッカロミセス属であることを明らかにできた。米酒の調査を拒否されたことから、発見につながり望外の喜びとなった。

フィリピンの米酒を醸す二種の酵母発見

小崎道雄

フィリピン大学へ赴く

発酵食品を調べていると酵母や乳酸菌と他の微生物が利益を分かち合いながら共存または共生している状況が、きわめて多い。この関係を調べるのは、私の年来の夢のような仕事でもあった。

一九七〇年ころ、植物系の乳酸菌と発酵食品の研究を、共生を頭に入れながら、北原覚雄先生にしたがって進めていた。その一環の一つに、醤油の原料は小麦と大豆だけではなく、コウジキン体も原料になっていることを証明した。[1] 原料重量の一三％前後をコウジキン体が占めていたからである。引き続いて酵母や乳酸菌の共生を漬け物関係に求めはじめようと、一息ついた直後に、突如、フィリピン大学ロスバニョス校の食品科学工学科へ客員教授として赴任しないかという話が舞い込んできた。農林水産省、熱帯農業研究所（現、国際農林水産業研究センター）の当時の所長山田登先生からの依頼であった。

このフィリピン大学の食品科学工学科は、当時、客員教授であったコーネル大学のペダーソン博士の提案で、三年前に新設されたばかりであり、フィリピンの農産物を利用し、新規の開発を目指す、活気に溢れた若手教員で組織されていた。学生の人気も高かった。私はペダーソン博士の後任として求められていたのであった。

かねてから、東南アジアの発酵食品と微生物に、憧れのような興味を持っていたから、私にとっては魔力のような誘いを持った、魅力いっぱいの話であった。早速、反対されるのを覚悟の上で北原教授に、その可否を当たってみた。危惧のとおり、先生は苦渋に満ちた顔で反対された。私の赴任により、乳酸菌の仕事が宙に舞い、院生の世話が一挙に残る室員にかかるからで、当然のことではあった。

それから半年間、曲がりなりにも研究室の体勢を整え、わがままを認めてもらい、どうにか皆の許しを得て、客員教授としての任務を受けることを山田先生に返答した。しかし、当時の私は東南アジアの発酵食品について、皮相的な知識しか持っていなかった。持ち合わせには、住江金之先生のアジア発酵食品の諸話、宮路憲次先生の著書に記された南方の発酵食品の解説、それに関西に出張したとき、武田製薬株式会社の顧問をしておられた中澤亮治先生から昼食を頂戴しながら、しばしば説明していただいた南方の食品のことなど、すべてが耳学問の域を出ていなかった。ただ、アジアの発酵食品であるからには、乳酸菌か酵母による共生がまちがいなく起きていて、その製造過程に酵母と乳酸菌が存在するだろうとの思いはあった。

ヤシ酒とマングローブ

こうして、真冬の日本から灼熱の国フィリピンへ着任したのは、一九七三年の二月二七日であった。フィリピン大学では総長のハビエル博士および東南アジア文部大臣機構農業部門の所長ドリロン博士を訪ね、赴任届けを出したあと、共同研究者となるサンチェス助教授(現・教授)とただちに研究の対象となるフィリピンの発酵食品をリストアップした。この中から、試料採取がしやすく、簡単な器材で研究が進められる、新しい分野を選び出した。それはヤシ酒であった。ヤシ酒の微生物については、すでにブロウイング等により、発酵に関与する酵母はモニリア属(*Monilia*)やサッカロミセス属(*Saccharomyces*)であるとする報告[2]があり、一九七二年、オカフル等はチモモナス属(*Zymomonas*)とミクロコッカス属(*Micrococcus*)を記載[3]している。しかし、これらの報告は詳細でなく、不明や疑問の点も多かった。

赴任して三ヶ月後、どうにか器材も顕微鏡も日本から届いたので、大学の近くを選んでヤシ酒をつくっているいくつかの農家に頼み、数日間、数回にわたって試料を集めた。研究室には、働き手となる院生二名と助手一名がいて、おおいに助かった。結果はいくつかの報告[4]にゆずるが、ヤシの樹からは一時間に五〇～六〇ミリリットルの樹液が浸出するのだが、この樹液の糖質には還元糖は少なく、マンナンを主とする多糖であり、多くのハチやアリが溺死していた。これらの昆虫の体と、軽く数回洗っただけの採取用竹筒が微生物源の由来になって、自然発酵が進められていたわけである。加熱殺菌した筒で、昆虫を避けて樹液を採集してみたが、半日くらい発酵が起きてこないことでも、そのことは裏付けられた。

また、普通、ヤシ酒用の樹液を集める竹筒にはマングローブの樹皮末を小匙二杯ばかり加える。もし加えないでおくと樹液の中はクロエッケラ属（*Kloeckera*）の酵母や放線菌と乳酸菌に占められてしまう。しかし、マングローブ樹皮を加えるとサッカロミセス・チェバリエリ（*Saccharomyces chevalieri*）やサッカロミセス・バイリ（*Saccharomyces bailii*）〔現在は二種ともサッカロミセス・セレヴィシアエに統一〕の酵母だけで、発酵は順調に進行していた。

実は、フィリピン大学へ赴任する前、緑茶のタンニンと乳酸菌の生育を調べていたことがある。出がらしの緑茶はタンニンが溶出して腐れやすいと言われていたから、タンニンの抗菌性を栄養要求性の高い乳酸菌のペディオコッカスを用いて検討していたのである。そうして生育阻害物質はポリフェノールであることを知り、中でもエピガロカテキンガレートが高いことも承知していた。

ヤシの樹液採集

マングローブの樹皮は、ヤシ酒を赤褐色に彩り雑菌の生育を妨害する。正しく、緑茶と同様タンニンの仕事であろうと見当をつけた。しかも、調べた結果、緑茶以上の阻害効果を乳酸菌や酢酸菌に対して示した。ただ、酵母については、さほどの影響は与えない[5]。したがってマングローブの樹皮はヤシ酒の味を少し渋くはするが、まちがいなく発酵を進める強力な助っ人役を果たす物質であった。あとで知ったのだが、東南アジア一帯ではマングローブ樹皮をヤシ酒製造にしばしば使用していた。農民の持つ伝統的な知恵であろう。

ともかく、北原先生や研究室に迷惑をかけることを百も承知でフィリピン大学へ赴任したのであったのだが、以上のような結果を得たので、わずかでも埋め合わせできたのではなかろうか。

フィリピンの米酒タプイとの出会い

ヤシ酒の研究をはじめてほぼ二ケ月ほどたったころ、同じ学科のロサリオ教授が、試薬瓶に入れた米酒（タプイ）を持ってきた。彼の故郷に近いルソン島の北部山岳地帯で醸造されているという、甘酸っぱい酒であった。

この酒の微生物給源はブボットと呼ばれる餅麹である。ブボットなどの餅麹の存在は、以前読んだ山崎百治先生の『東亜発酵化学論攷』の写真と、住江先生の棚にあった山崎先生の研究された餅麹の実物で承知はしていた。それに中澤亮治先生の話にしばしば出てきた餅麹である。米酒に対する興味は、熱っぽく湧いてきた。ただ、フィリピンの米酒がつくられているのはルソン島北部の山岳地帯である。試料を採取するだけでも一週間の行程になってしまう。しかもヤシ酒の仕事が続いていた。しばらくは温めておく他なかった。

一年半後、帰国間近になって、食品科学工学科の教職員が、私のための送別旅行に、この山岳地帯へゆく企画を立ててくれた。日頃、米酒をみたいと口癖のように言っていたのを覚えてくれていたらしかった。

こうして、雨季も晴れ、乾季になり、フィリピンの真夏がはじまろうとする四月、一週間の旅をすることになった。幸い、大学も休暇である。われわれの米酒探索旅行を聞きつけて、国際米研究所（IRRI）の数名も同行することになった。総勢一〇名ばかりが三台の車に分かれての出発であった。

米酒は、日本酒とはいちじるしく異なる。日本酒はコウジカビの麴で米を糖化分解し、酵母によってアルコール発酵させる二段階の工程を一つの桶の中で進めて製品とする。一方、東南アジアの米酒は、米粉（ソバ粉や麦粉もある）を水でかためてつくった

山崎百治先生の餅麴

餅状の麹を粉末にして、蒸した米に混ぜて一挙に酒をつくる。両者ともに並行複発酵であるが、製法もまた微生物給源もまったく違っている。日本酒と違ってこの一挙に製造する東南アジアの米酒の工程と、餅麹をつくる方法を調べたかったのである。

ルソン島の米酒は、稲の棚田で有名なバナウエ、山岳州都のラガウエ、それにボントク付近一帯でつくられる。しかし、製造はまったくの農家レベルで、納屋の片隅に三つ四つの壺を置いてつくっていた。

製造工程は、まず、軽く炒った米を熱湯に入れ、硬い飯になったら、藁むしろに広げて冷ます。その上に相当量の餅麹の粉末をまき、バナナの葉を密に敷いた笊に移す。バナナの葉を蓋にしてかぶせ、その上に藁でつくった十字架をそっと置く。一日すれば固づくりのような甘酒になるから、中国式の小さな土壺に移しかえて置く。こうして一ヶ月もすれば飲めるが、まったく水を加えない固体並行複発酵であるから、アルコール度は一七から一九％くらいで、日本酒に近い。しかし、甘みも強い。まだ米粒も残り、濾過しにくいが、ハンカチで少し絞ったら、油のようにねっとりとした粘度のある酒であった。

旅を終え、持ち帰った米酒を検鏡した。視野に入った試料は酵母状と菌糸状の酵母で占められ、細菌の細胞は少なかった。コウジカビはもちろん、クモノスカビやケカビの仲間の形をもつ菌糸は見られなかった。

この結果をみて、酵母だけで米から酒がつくられているのではないか、という考えが脳裏に浮かん米酒の仕込み。軽く炒った米を熱湯に入れ、硬い飯になったら、藁むしろに広げて冷まし、餅麹の粉末をまぶす（右）。これをバナナの葉を密に敷した笊に移し（下）、バナナの葉で蓋をする。

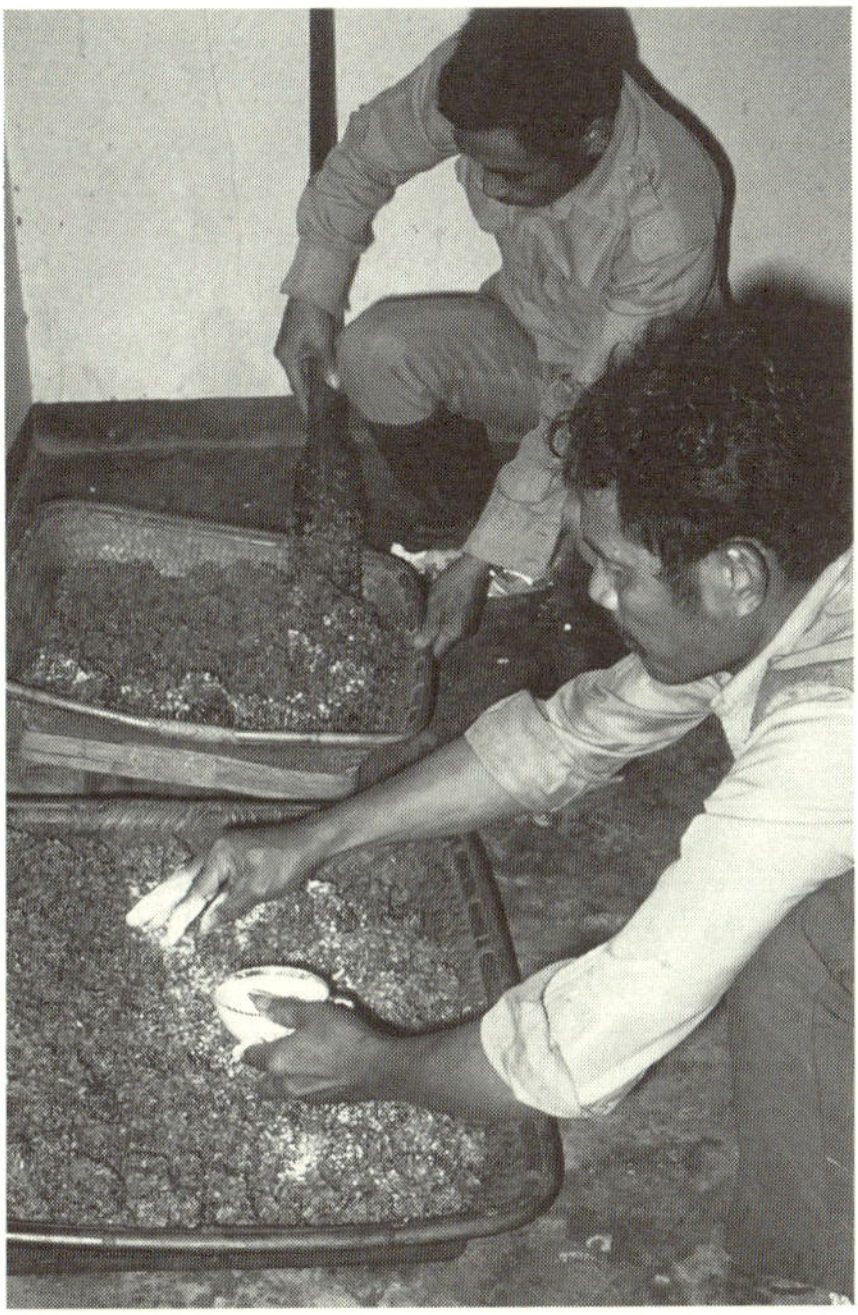

だ。しかし、事例が一つでは論を立てるには程遠い。
ともかく、フィリピン大学での任を終え、ヤシ酒の結果を持って帰国し、あとを山梨大学の故中山大樹先生と、東京農業大学の谷村和八郎先生にゆだねた。

ルソン島再訪

帰国して、米酒は酵母だけでつくられるのではないか、というこの考えを北原先生に報告したが、唯一つの事例では話にならず、先生も返答のしようがなかったようだった。しかし、なんとしてもルソン島の米酒は、糖化も発酵もともに酵母であるとする説を確認したかった。そこで、北原先生の確認を得るために、ルソン島北部の山岳へ先生をお連れして、携行顕微鏡を持ち出し、米酒と酵母の関係を確かめようとを決意した。幸いにして、日本の外務省がわれわれの旅費を出してくださることになった。

このころはまだ、バギオからボントクまでのルートは整備されておらず、途中で車のシャフトが落ち、三時間ばかり山中に置かれたりしながら、どうにか目的地についた。

バナウエでは州長の口添えもあって、実にていねいな酒づくりを見学させてもらった。また、発酵初期のもの、および餅麹を検鏡することもできた。その結果、肉眼的には北原先生も酵母であることを認めてくださったのだった。

この固体並行複発酵に関係する微生物は、持ち帰った試料によると、酵母と乳酸菌によって占められていた。カビは酵母数に比較してその百分の一から千分の一と桁違いに少なく、分離したカビのアミラーゼ活性も弱かった。おもな酵母は菌糸状酵母のサッカロミコプシス・フィブリゲラ（*Saccharomycopsis fibuligera*）とサッカロミセス・セレヴィシアエであり、前者はアミラーゼをよく分泌していた。また、後者はアルコール生成能も十分であった。したがって、この二種の酵母が米酒づくりに関与していると考えられた。また、乳酸菌はペディオコッカス・ペントサセウス（*Pediococcus pentosaceus*）で、わずかではあっても酸味に関係しているらしい。

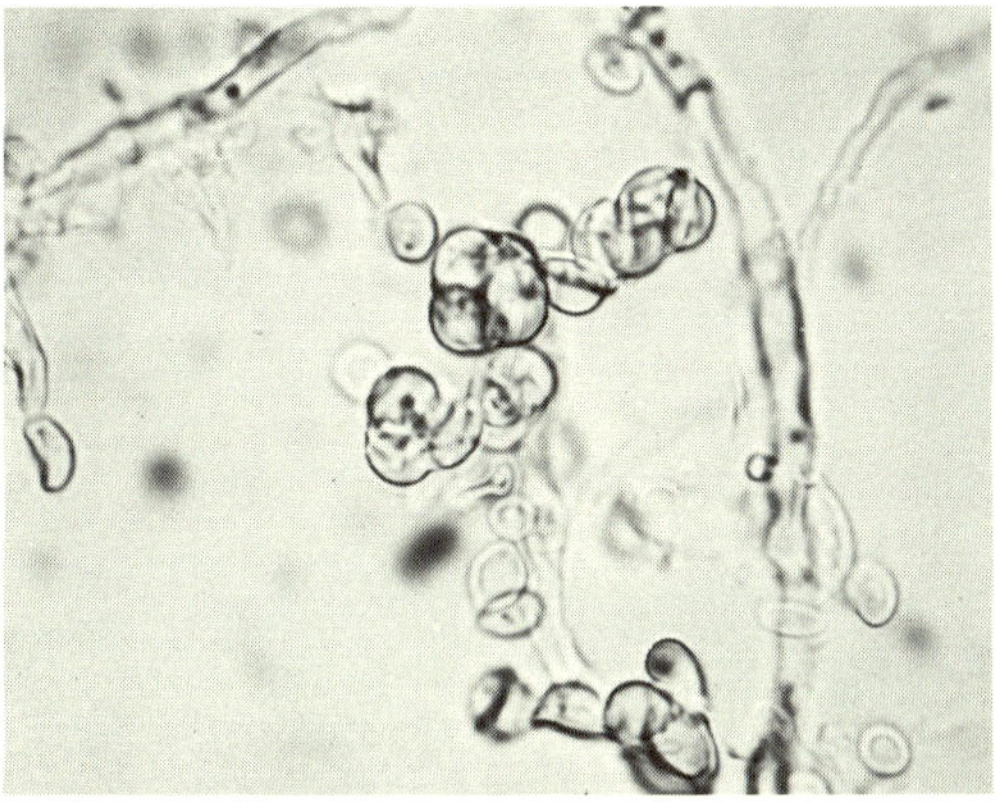

米酒から分離したサッカロミコプシス

　ともかく、他の醸造酒には見当たらない、酵母だけで米から酒をつくるフィリピンの米酒タプイの発見であった。これは北原覚雄先生からも一応認められた結果となった。また、坂口謹一郎先生からは「蘭仏の古先輩の足跡を現代に新たに再興されし仕事、あたらしきしらべのみちをみんなみに」、「初便りエンドミセスの新登場」など、数葉のおほめの葉書をいただいた。

　また、この成果については、日本食品工業学会[6]から学会賞を、また醸造協会[7]からは技術賞を与えられた。

しかし、東南アジアの発酵食品における酵母や乳酸菌の共生についての仕事は緒についたばかりであり、わずかに酢醸造においても乳酸菌が共生していることがわかりかけたのみである。今後に期待したいと思っている。

この仕事も、北原先生以下、研究室の諸氏に迷惑をかけたうえで成立したものであった。

北原先生に少し背くようにして旅立ったフィリピン大学への赴任も、この二つの成果と、その後の東南アジアの発酵食品研究への手助けで、少しばかり恩返しができたと思っている。

文献

（1）小崎道雄・北原覚雄『食工』二一巻三八頁、一九七四
（2）Browing, K., et al : *J. Soc. Chem. Ind.*, 35, 1138（1916）
（3）Okafor, N. : *J. Sci. Food Agric.*, 23, 1399（1972）
（4）小崎道雄・他　昭和女子大学大学院紀要　三巻五三頁、一九九四
（5）西山隆造・他　醱工　五六巻七一二頁、一九七八
（6）小崎道雄『食工』三八巻六五一頁、一九九一
（7）小崎道雄・他『醸造協会誌』八五巻八一八頁、一九九〇

産膜酵母がつくるブドウ酒、シェリー

後藤昭二

ブドウ酒の産膜汚染

発酵微生物学の開祖でもあるルイ・パストゥールが生まれ故郷フランス、ジュラ地方アルボアにおいてブドウ酒の変敗防止の研究に取り組んだのは一八六五年である。健全なブドウ酒と変敗ブドウ酒の化学的な分析と顕微鏡による微生物観察の結果を比較することによって、変敗は「ワインの華」ミコデルマ・ヴィニー（*Mycoderma vini* 現在の代表的な汚染産膜酵母キャンディダ・ヴィニー）と「酢の華」ミコデルマ・アセチ（*Mycoderma aceti* 酢酸菌?・）に起因することを確かめた。これをもとにブドウ酒の酒質を損ねない温度、五五℃に三〇分間保持することによって変敗原因微生物を滅菌する低温殺菌法を考案した。

ブドウ酒の変敗はなにもアルボアに限ったことではなく、以前からどこのブドウ酒生産地でも見られる現象であった。パストゥールの研究に先立つこと四二年前の一八二三年、フランス、リヨン大学のデスマジレスは、はじめてブドウ酒やビールの表面に膜を形成する菌をミコデルマ・ヴィニー、ミコデルマ・セレヴィシアエ（*Mycoderma cerevisiae*）として記載、報告している。産膜中の変敗ブドウ酒から分離されたミコデルマ・ヴィニーは純粋培養されておらず、数種類の菌の混合体であったであろう。しかし、「カビ」のように菌糸状に生育することやきわめて好気性であり発酵能もないことから発酵原因菌とは区別され、「カビ」の一種と考えられたようである。この研究は、カニヤール・ド・ラ・トゥルやフリードリッヒ・キュッツィング、テオドール・シュワンらが、ビールやブドウ酒の発酵は酵母によるものとした報告（一八三七年）の十数年も前になされている。前述のパストゥールが報告した汚染酵母の名前はデスマジレスの命名にならったものである。

第二次大戦後に再開された日本におけるブドウ酒の主産地、山梨県でつくられたおおかたのブドウ酒は、産膜汚染されており、なかには酢酸菌をともなったものもあるありさまであった。果実酒の研究を目的に設置された山梨大学発酵化学研究施設に私が赴任したのは、このような状況のときで、産膜酵母の分布がテーマのひとつになった。幸か不幸か汚染産膜酵母の分離試料だけは豊富にあったことになる。このとき分離されたもののほとんどは、代表的な汚染産膜酵母ピキア・メンブラネファシエンス（*Pichia membranefaciens*）である。この酵母は、デスマジレスやパストゥールが観察したミコデルマ・ヴィニー（現在のキャンディダ・ヴィニー *Candida vini*）の完全型に相当する。このようなわけでブドウ酒における産膜汚染のおもな原因菌は、洋の東西を問わず同じピキア・メンブラネファシエンス（不完全型キャンディダ・ヴィニー）であることがわかった。

産膜汚染したブドウ酒は鼻に付く独特な酸化臭をともなった臭いと味がまとわりつき、商品価値はなくなる。

産膜酵母による汚染はブドウ酒やビールばかりでなく、かつてはわれわれの身近なところでも見られた。一九六〇年代まで田舎では味噌を自家醸造にたよっていた家々が多かった。いまでも味噌だけはわが家の味として自家醸造をしている人がいる。この味噌にはときとして表面に白い「カビ」が繁殖して香りや味を損ねる。醤油が一升（実際は二リットル）瓶で市販されていたころ、一度栓を抜いた使用中の醤油の表面に白「カビ」が繁殖して香りや味が損なわれることがあった。また、伝統的な日常食品であるぬか漬けにも、手入れを怠ると表面に白い「カビ」が出て酸敗の原因になる。これら「白いカビ」の正体は産膜酵母であるが、ブドウ酒の場合とは異なる種類の産膜酵母であることが明らかにされている。いずれにしても産膜現象は醸造発酵食品を変質、劣化させる汚染にほかならない。

シェリーというブドウ酒

ところが、この酵母による産膜現象を巧みに利用して製造するブドウ酒がある。

スペインの南西部、アンダルシア地方の大西洋に面した港町カジスからわずかに内陸に入ったところ、別な角度から見ればセビリアの南、百キロ弱のところにヘレス・デ・ラ・フロンティアという町がある。この地方で醸造されるシェリーという酒がある。シェリーという酒はおおまかにオロロソ、アモンチラード、フィノの三つのタイプに大別される。そのなかで酵母の産膜現象を利用してつくられたものをフロールシェリーという。フロールという言葉は、ブドウ酒の表面に繁殖した酵母の皮膜を「花」にたとえたものといわれる。

まず、シェリーというブドウ酒の醸造方法の概略を紹介することにしよう。

シェリーはもともとオロロソやアモンチラードタイプの酒で、数百年前からつくられていたといわれている。これらはブドウ果汁の発酵終了後にブランデーアルコールを加えるか、あるいは発酵の途中でアルコールを加えて発酵を停止させたものを、ソレラと呼ばれる独特のシステムによって熟成させる。しかし、のちほど紹介するようなフィノタイプにおける産膜酵母、フロールの繁殖は見られない。熟成後の酒は、ブレンド、アルコールの補強、濃縮果汁による調味により甘さ辛さ、アルコール度数などの違ったさまざまなタイプの酒に仕上げられる。のちほど紹介するようにソレラは多様にして一定品質な酒を得るのに適した熟成方法であり、シェリーが好評を博してきた原因のひとつと思われる。類似した酒にアルコールの補強と温熱によって製造されるマディラ、マラガ、あるいはアルコール補強によって発酵を停止させたポートワインなどがある。なお、これらの甘みと熟成香のあるアルコール補強酒は保存性がよいことから、一五世紀からの大航海時代、船積みされ、喜望峰からインド洋を経て平戸、長崎まで到来している。

フロールシェリーの原料ブドウはパロミノという白品種である。降雨量が著しく少ないヘレス・デ・ラ・フロンティア地方の白亜の石灰質土壌に栽培されたブドウは、糖度約二四から二六％にも達する。収穫されたブドウは、葦に似たエスパルト（アフリカハリガネソウ）で編んだ直径七五センチほどの円座の上に広げ、一日ないし二日間、直射日光の下にさらす。果実の乾燥による糖度の上昇と糖のカラメル化のための作業ともいわれる。オロロソやアモンチラード用のペドロ・ヒメネスブドウは約一週間も太陽にさらされ、糖度は二八％にも達するという。ブドウを破砕、搾汁するとき、少量の石膏を加えるが、これは果汁の酸度を高め、pHを低下させ、バクテリアによる汚染防止のためといわれている。フィノタイプのフロールシェリーを口に含むと、ほんの少しピリッとした苦みがあり、味を引き締める役割を持っているが、これは石膏と果汁中の無機成分カリウムとの反応によって生じた硫酸カリに由来する。

発酵終了後、フロールシェリー用の酒を選別する。選択された酒は、ブランデーアルコールを加えアルコール一五・五％に調整され、ソレラと呼ばれる熟成システムに組み入れられる。

図のように数段に積み重ねた容積四〇〇ないし六〇〇リットルの樽には、樽容積の八〇％ほどの酒が入っている（37ページ）。酒の表面には「カビ」と呼ばれるシェリー酵母が薄く皮膜状というよりも島嶼（とうしょ）状に繁殖している。ソレラは、昔の日本酒造りの酒蔵に似た白壁で天井が高く、床は土間になっている大きな建物の中にある。夏期、気温が上昇するようなときには、床に水をまき、室温を二〇℃以下に下げるという。

一番下の樽から約四分の一量の酒が、フロールを破らないように注意しながら抜き取られ、その上の樽から四分の一量の酒が補塡（ほてん）される。この操作を順次行ない、一番上の樽には当年度の酒が加えられる。また、上の樽からの酒は、すぐ下の樽に移すばかりでなく、隣の段の下の樽にも移される。各列一番下の樽から抜き取られた酒は、ブレンドされブランデーアルコールを加えアルコール濃度を約一七%にするとともに香味の調整を行ない製品化される。このように縦への補塡の繰り返しと最終的には各列の酒をブレンドすることによって、熟成された均質な酒が得られる。したがって一番下の樽から抜き取られたものには、最低でも樽の段数に相当する熟成年の酒がわずかながら入っていることになる。シェリーにヴィンテージ（醸造年）がないのは、このような理由からである。

このソレラと呼ばれる熟成システムは、昔からオロロソやアモンチラードの熟成に行なわれてきたもので、香りや甘辛といった味など各種のタイプ、かつ品質一定なシェリーの製造に威力を発揮してきた。

フロールシェリーの成り立ち

それでは産膜酵母の皮膜形成によるフロールシェリーが醸造されるようになったのはいつのころなのであろうか。

変敗ブドウ酒の表面の「カビ」ミコデルマ・ヴィニーをはじめて観察、報告したのは一八二三年、デスマジレスであったことは先に述べたとおりである。フロールシェリーと同じように酵母の産膜現象を利用したブドウ酒にフランス、ジュラ地方のヴァンジョーヌ（黄色ブドウ酒）がある。しかし、もとをたどればパストゥールが変敗防止に取り組んだのはこの地方のブドウ酒であり、この研究がきっかけになって低温殺菌法が考案されたのは一八六五年である。したがって産膜酵母がフロール酵母として有用性が認識されるのは、それ以降ということになろう。

一九世紀末になると、貯蔵のごく初期、ソレラに入る前のアルコールが補強されていないアモンチラード用ブドウ酒の表面に現われることのある皮膜は、一部の人びとから注目されていたようである。

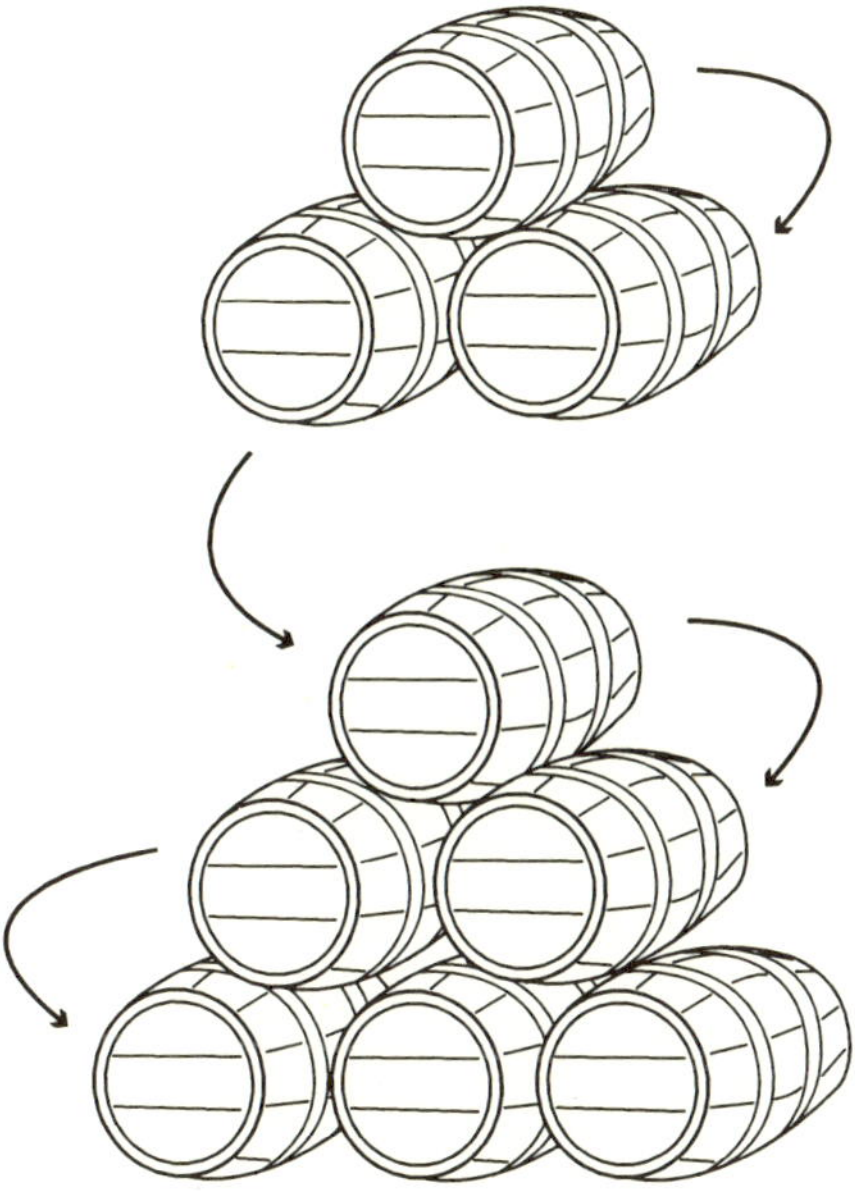

ソレラシステム

一九〇三年、ロックスはシェリーフロールという言葉を使用しながらも、酵母ミコデルマ・ヴィニーによる皮膜であるとしている。このようなことを振り返って見ると産膜酵母の有用性が評価されてきたのは、一九世紀末と考えてよさそうである。

それでは何がきっかけになって有害産膜酵母から有用なフロール酵母に替わり、皮膜形成が評価されるようになったのであろうか。おそらく次のようなことではないだろうか。

ソレラに組み込まれるブドウ酒のアルコールは、ブランデーアルコールの補強によって一五%以上に調整されたとき汚染産膜酵母の繁殖は抑えられたであろう。しかし、アルコール補強前に繁殖する皮膜には、なんとなく香りをよくする効用のあることが注目されるようになってきた。そこで皮膜の繁殖をアルコール濃度や蔵の温度を調整しながらコントロールすることが、試行錯誤のなかから生まれてきたとみるのはどうであろうか。現在のアモンチラードのソレラにおけるアルコールは、一六%以上であるから、当然皮膜の形成はなく、逆に低いときには汚染型の産膜酵母が繁殖したことであろう。このことはロックスがフロールという言葉を使いながらも、酵母はミコデルマ・ヴィニーであるとしていることからもうかがえる。

一九三〇年代以降に行なわれたシェリーフロール酵母の分布を調査した報告によれば、いわゆるフロール（皮膜形成）型の酵母［現在の分類によればブドウ酒酵母と同じサッカロミセス・セレヴィシアエ（*Saccharomyces cerevisiae*）］が優勢であるが、ほかに汚染型の産膜酵母がわずかに分離されている。一九七〇年代、私がヘレス・デ・ラ・フロンテイア現地で五、六〇年ほど経たというソレラ熟成中の皮膜から酵母を分離させていただいたことがある。ここでは、純粋培養されたかのようにフロール型のサッカロミセス・セレヴィシアエばかりが分離され、汚染型産膜酵母はまったく発見できなかった。フロールにおける酵母の構成を決めるのは、ソレラに組み込まれるブドウ酒のアルコール濃度が最も重要な要因ではないだろうか。アルコールが一五・五%に規制され、醸造過程の微生物学的管理も行き届くようになり、アルコール耐性のない汚染型産膜酵母の繁殖が抑えられてきたものと思われる。また熟成貯蔵の温度もシェリーフロールと汚染型産膜酵母とを分ける要因と考えられる。フロール形成には一五℃前後が望ましく、二〇℃を超えるとフロールしなくなる。その他、完全発酵した酒であることなどなど、現在知られているフロール形成に適した要因を試行錯誤のなかから見出してきたものであろう。

ということで、フィノタイプ フロールシェリーの成り立ちは、おおよそ一〇〇年前、一九〇〇年前後と考えてよさそうである。いずれにしても、産膜汚染現象を巧みに利用して世界的な銘酒に育て上げた知恵と努力には、敬服するばかりである。

なお、シェリーフロール酵母のみが皮膜を形成するかというと、必ずしもそうではない。通常のブドウ酒酵母のなかにもフロールする菌株はあるが、これらについてはいくつかの研究が報告されているので割愛する。

酒の表面に皮膜状に繁殖するということは、この酵母は好気性であり、好気的条件下においてフロール特性が発現してくることを示している。そこで通気撹拌(かくはん)装置を備え付けたタンク内のブドウ酒常に高い濃度のアセトアルデヒドは、産膜酵母によってアルコールが酸化されることによってつくりる試みが一九五〇年代、カリフォルニア大学で行なわれた。

フロールがもたらすもの

フロールシェリーは、通常のブドウ酒・スチールワインとは違った日本酒の古酒や紹興酒に似たランシオフレバーといわれる熟成香、ピリッと引き締まった舌ざわりがあり、食前、食中、食後のいずれの場面にも合う酒といわれている。

フロール表面においてシェリー酵母は、好気的、酸化的に働いているが、皮膜の下は酸素が少ない還元的になっている。

酸化的な作用は、酒の中のアセトアルデヒドの含量に顕著に現われている。通常のスチールワインはアセトアルデヒドが五 ppm ないし一〇 ppm であり、二五 ppm を超えた酒は異臭がする。ところがフロールシェリーは平均して一五〇 ppm、なかには三〇〇 ppm を超えるものもある。この異常に高い濃度のアセトアルデヒドは、産膜酵母によってアルコールが酸化されることによってつくり出され、蓄積したものである。また酸化還元作用によってスチールワインには存在しないアセトインその他の成分が生成されている。また、焦げ臭を伴った老熟香の原因成分といわれるソトロンの存在も知られているが、こういったさまざまな成分がシェリー独特の香りにかかわっているのであろう。

汚染産膜酵母も同じように多量のアセトアルデヒドを生産、蓄積する。しかし、この場合はいわゆる産膜臭、酸化臭となり、飲むにたえない酒になってしまう。

深酒した翌朝、二日酔いで気分が悪く頭の痛いことがある。二日酔いは、アルコールが体内で酸化されアセトアルデヒドに分解されるが、これが次の酸化ステップに進むのが遅く、体内に蓄積するためといわれる。ところが二日酔いの原因物質であるアセトアルデヒド含量の多いシェリーを飲んでも特別な有害性は認められない。アルコールが酸化されるステップがないので、アセトアルデヒドは酸化されやすいのかもしれないが、はっきりした原因は検証されていないようである。

一九四〇年代後半から一九五〇年代、巷には安ウイスキーが結構あふれていた。誰が言いだしたのか安ウイスキーにアセトアルデヒドを加えると香味が改良されるらしいという。早速、試薬のアセトアルデヒドをごくごく微量、ほんのチョッピリ、安ウイスキーにたらしてみたところ、味はともかく香りはよくなったような気がしたものである。いま、ふたたびそれを追試しようにも安ウイスキーがないのでできないが。スコッチウイスキーの熟成樽にはシェリー樽が使われてきた。スペインから輸入したシェリーの空き樽を利用したことから始まったのであろうが、次第にウイスキーの熟成香発現に有効なことがわかってきたのであろう。ただし、ここでいうシェリーはオロロソであり、フィノタイプのフロールシェリーではない。

一九五〇年代まで、山梨県というよりもわが国における主要なブドウ酒用原料ブドウはデラウエア種が多かった。デラウエア・ブドウ酒は独特なラブルスカ臭が強く、評価の高い酒にはなり得なかった。汚染産膜酵母やシェリー酵母の実験には試験醸造したデラウエア酒を使っていたが、あるとき、一升瓶の七分目ほど入れた酒にシェリー酵母をフロールさせたものを飲んでみたところ、あれほど強烈なラブルスカ臭がまったく感じられない。ラブルスカ臭の原因成分といわれるメチル（エチル）アンソラニール酸がフロール酵母によって分解されたのか、フロール中に生産されるアセトアルデヒドやアセトインあるいはエスレル類などによってラブルスカ臭がマスクされたのか、定かなところはわからない。

それならば日本酒にフロールさせれば質の違った酒ができはしないだろうか。ということで、シェリー酵母を清酒にフロールさせてみた。アルコールを二〇％近くまで高めて皮膜の繁殖をコントロールしようとしたが、栄養豊富な日本酒では産膜過多になり、いわゆる産膜臭、酵母臭がつき、アミノ酸をはじめ有機酸、糖類、窒素成分まで分解してしまい、残念ながら失敗に終わったということがあった。最近、ある酒造会社がシェリー酵母を酒母に使って日本酒を醸造し、紹興酒に近い老熟した香りの酒を得ている。

シェリー酵母の多くはブドウ酒酵母と同じサッカロミセス・セレヴィシアエに属する酵母であるが、一般的なブドウ酒酵母と違ってコロニーは乾燥状態、細胞はブロック状に凝集しているなどマクロな形態学的特徴のほか、発酵旺盛で糖の食いきりがよく、皮膜形成によって特徴的な香りを生成するなどの醸造生理学的特徴をもつ。このように醸造学上の問題ばかりでなく、微生物学的、生理生化学的にも興味ある酵母であり、さらに詳細な研究が期待される。

水環境が好きなカビを探る

椿　啓介

標題の、水が好きなカビというと奇異な感じを持たれる方々もあろうし、私も決して最初から水の中ばかりに研究の目を向けたわけでもなく、本来、陸のカビを探っている間に自然界の水環境のありかたの魅力にとりつかれたわけである。そこで、ここではまず陸から水環境につながったカビの存在から話を進めてみよう。元来が脇道の研究の一つとして進めてきた一連のカビ物語である。

もともとが生物好きだったためか大学の卒業研究という名目でカビの菌体成分や色素の研究の手伝いをしているうち、農芸化学出身にもかかわらず成分よりはカビ本体に興味を持ってしまった結果、当時の長尾研究所長の小南清先生の助手を務めることになったのである。いろいろなカビを見たいという若造のいちばん参考になった本は、現在でも名著と思う斎藤賢道著『要説醱酵微生物学』という本であった。そこには当時の発酵学の対象となっていた細菌やカビ、酵母の他に見たこともないさまざまなカビの図と説明があったのである。小南先生から、まず土壌からカビを分離する方法を指導された私は、与えられた最初の研究題目である土壌生放線菌類を分離しながらも、興味はいっしょに分離用プレートに生えてくるさまざまなカビに向いていた。あるとき、上記のまだお元気でときおり研究所に見える斎藤先生が顕微鏡をのぞいている私に「何をみているのかね?」と質問される。「普通のクロカビで、おもしろいものではないようです」と私が生意気に答える。先生はしばらく黙ってからやおら一言「クロカビというカビを最初に決めるのに僕は一年以上かかったものだよ」と。明治のころだろう。先生が多分クロカビに違いないと思っても、外国から本物のクロカビを手に入れるまでは自信が持てなかったとのこと。カビの名前を決める(同定)には慎重であれ、との意味だ。日本のカビ研究の先達である大先生の教訓に恐れ入った反面、先生にもわからないカビがまだたくさんあるんだ、と悟った私はそれから分離材料を土壌からもっと他の方面に広げてみようと動物の糞のカビを調べたり、野生キノコに好んで生えるカビを求めたり、ついで、いちばんカビの多様性が見られる落ち葉にと向かった。東京近辺には現在よりもっと緑が多かった当時である。

水にすむカビとの出会い

落ち葉を採集してシャーレに収め、水分を与えておくと、それらの葉の上に生えてくる多種多様のカビ達が顕微鏡下で見せる美しさに魅了されていた毎日であった。そこには新属新種もいるし落葉上の遷移現象もある。これがその後のライフワークにつながったのである。ちょうどそのころ、イギリスのインゴルド博士の、川の流れの水面下で落ち葉の上に生活している独特な不完全菌類のカビの発

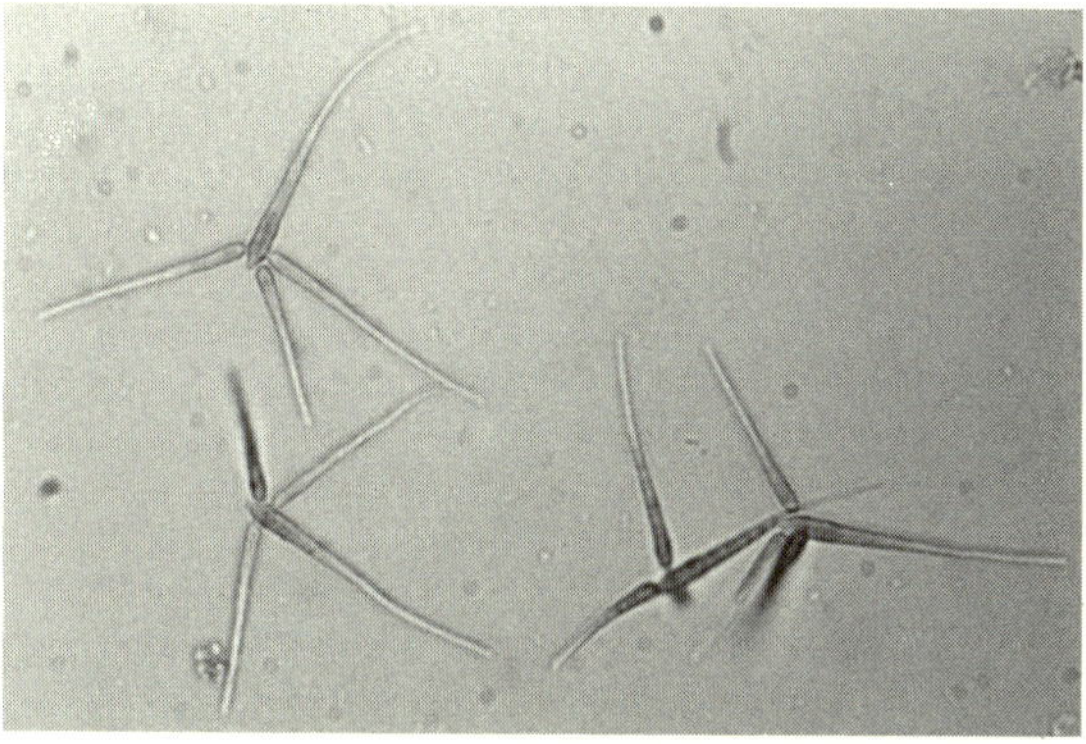

図１　水面に浮かび上がった水生不完全菌の胞子

見、というきわめて独創的な研究（1942）に気を引かれた。元来が変わった形の生物に心を奪われやすい性分から、こんなカビが本当にいるのか、と興味津々となり、日本にもいるかどうか探してみようと思ったのが水生のカビのとりこになった最初である。すっかりこの水生カビ群、学問的には水生不完全菌類というが、それらの作るイカリ形、テトラポット形、針形、ウズマキ形などの胞子の存在にのめりこんでしまった。こんな変わった形の胞子を持つカビの存在などに当時の日本では目を向ける者は誰もおらず、もちろん日本の文献など一つもない。カビはすべて好気性であるが、中には水面下の生活を好み、溶存酸素をとって生きているものも相当いるのである。足を伸ばして近郊の川や湖沼をおとずれては水底の落ち葉を採集する毎日であった。池の管理人から何をしているのかと注意されたり怪訝な視線をあびながら葉をすくっては眺めていた。なにしろはじめての試みであり、どんな種類の落ち葉がいいのか、どのくらい分解の進んだものがいいのか見当もつかないありさまである。ともかく試行錯誤しているうちに、最初に発見した水生不完全菌の胞子に目を見張ったときの感激は今でも忘れがたいものがある。都内の公園の池から採った一枚のカエデの落ち葉をシャーレに入れ水を注いで沈ませ、三日ほど経って水面を顕微鏡下で見回しているとイカリ形の胞子がわっと浮かんでいたのである（図1）。

このようにして、図1に示したような水生不完全菌類の分類学的な研究を一応まとめて発表（1957）、同菌群に興味を持つ研究者たちも現われたころ、不完全菌全体の分類体系をそれらの分生子形成様式から見直す、という私本来の研究が忙しくなったので、対象はしばらく水から離れたが、なぜこのような形の胞子を持っているのだろう、どうして水面下でしか胞子を作らないのか、どうやって分散するのだろう、有性時代はどんな形になるのだろう、などといった疑問は常に頭から離れない。日本各地における野外の陸生菌類採集のときも、折りに触れては水環境にも首を突っ込んでは分離培養してみていた。陸生と水生の中間的な生態群とでもいうべき、独特な形態の胞子で分散する半水生不完全菌（図2）にも探索を進めてみたり、形の持つ意味や生き方をいつも考えていた。野外から採集したカビを純粋に分離している過程で、どうも彼らの野外における動態に思いを馳せざるをえないのである。それぞれの環境の示す意味、栄養の採り方や種の分散のしかたなどの点である。同定、分類から生態へと思いを馳せたわけである。

朝霧という美しい景色も一つの水環境にちがいない、と気がついたのは一九六九年の夏である。私は科学者の目で自然を直視する態度も大切であるが、また、霧のような模糊としたヴェールを通して物事を見ることにもなぜか魅力を感じている。そのころ、滞在していたアメリカ、コーネル大学での

図 2　半水生不完全菌のさまざまな胞子

ある日、親友のコーフ教授および教室のスタッフの面々とカナダ国境の湿地帯で開かれる著名なペックフォーレという菌類採集会に参加することになった。日曜日というのに朝の大学の研究室に集まると、論文を控えた大学院生たちはすでに顕微鏡と取り組んでいる。やがて車に分乗して出発、シラキュースを経て夕方にはカナダ国境近くの目的地に着いた。森林と沼沢地に囲まれたコヨテの声も聞こえる大自然の真ん中である。翌朝早く、宿舎を出て広々とした北米の自然を満喫すべく、一面が霧でおおわれた草原をさまよっていた私の靴は、日本の早朝の野山を歩くときと同じように霧でびっしょりと濡れた。息が白い雲をつくる。まるで透明な真珠のような水滴が足下の葉の表面で小さく丸くなったり連続して盛り上がったりしている。自然を見るにはしゃがんで眺めるのがよい。じゃれつく子犬と話すように。立って眺める自然の姿とはまたひと味ちがった息吹を感ずることができるのだ。そのとき、ふと感じたのは、朝霧の水滴も小さいとはいえ、一つの水環境ではないかと。これも毎日、毎朝繰り返される水の環境にちがいない。一つのヒントを覚えた私は霧の中に聞こえる仲間の呼び声でわれに返り、そのヒントを胸に秘めたまま採集会に加わったのである。その後、実際に朝霧とカビとのかかわりを追ったのは、それからだいぶ経ったころ、筑波大学の菅平高原実験センターで学生にかなり厳しい微生物学実習を与えていたときのことである。その物語は拙著(『カビの不思議』筑摩書房刊)に詳しく述べてあるが、朝霧という小さな水の中にも水生不完全菌の仲間がいることがわかった(図3)。そのいくぶん生態的な研究をまとめてイギリスのリンネ協会植物学雑誌に発表(1985)すると、日本ではあまり反応はなかったが、先のインゴルド博士やウエブスター教授から「おもしろい研究だな」という手紙が舞い込み、ひとり満足したものである。夏の早朝、畑のサトイモの葉の上や池のハスの葉などの真ん中に丸くたまる水滴にも同じような観察ができよう。どうも人間は「水」というと最低、コップの中とかなんらかの容器に入った状態や流れるという現象がないと水とは認識しないようだ。人間は常に人間の尺度でしか自然を見られない。たとえ一滴の水でも微生物にとっては池であり沼ともなり得るはずで、そこで一生を全うする生物の存在も可能であるにちがいない。微生物を扱うには微生物の立場、小さな生物になったつもりで考えなくてはいけなかろう。自然を見る場合、人間は自分たちで作った諺「井の中の蛙、大海を知らず」の中にむしろ自分から漬かっているともいえよう。

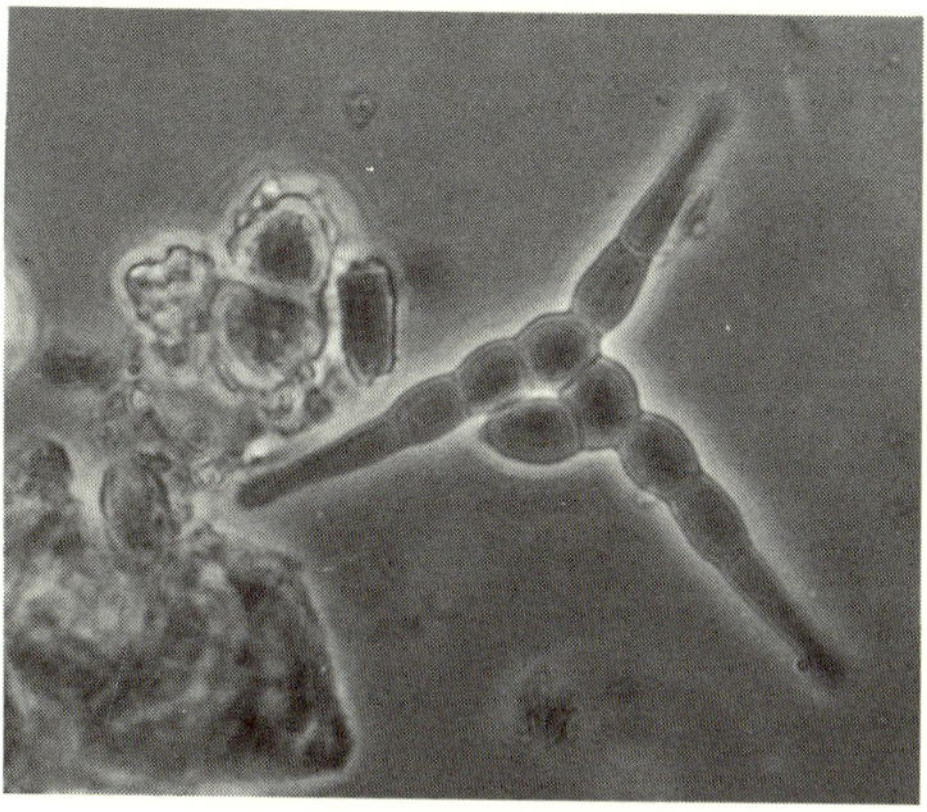

図3　ススキ葉面の朝露に漂うトリポスペルマム属カビの胞子

胞子はどのように分散するのだろう

このような水という生息条件を好むカビたちはまた樹木の上にもいるのだ。筑波大学時代、雨が降るとポリエチレンマットをかかえて構内の樹木林に飛び出していく若手研究者がいた。現在の安藤博士（協和発酵、東京研究所）である。樹々の葉を洗いながらしたたり落ちる雨水を集めるのである。なんとその集めた雨水の中に、水の中にいるカビとそっくりの形の胞子がいるのである。小さいながら雨が降ったり霧がわいたりする葉の表面という水の環境にも水の中と同じようなカビ群、陸生水生不完全菌類と一応名づけられた仲間がちゃんと生息しているのである。

さて、それでは水の中の環境、浴びるほどの水の刺激で作られたたくさんの胞子はどうやって新しい天地を求めて高いところにも分散するのだろうか。そんなことは暇なときに考えよう、と思っていたある日、旅先で山奥の渓谷のかなり大きな滝のほとりで一休みすることがあった。一服しながらまわりの景色を楽しみ、ボケーッとして立ち昇っては空に吸い込まれていく一筋のタバコの煙を見ている。ハッと気がついた。タバコの煙は滝壺の激しい気流に乗ってはるか上の方に吸い込まれていくではないか。そこでティッシュペーパーを小さく千切って上に放り投げてやると、やっぱり風に乗って舞い上がっていく。足下はと見ると滝壺のまわりの岩陰には泡もたまり、乾きかかった泡は水辺の岩にへばりついている。渓流の岩陰や倒木にへばりついている泡は、その水系の微小生物をトラップしているので水生不完全菌の好適な採集源であることはわかっている。濡れた岩のあたりにはきっと水生不完全菌や、その他もろもろの小さな生物たちがへばりついているだろうし、そんなカビの居場所が乾いてきたら、そこにいたカビの胞子も吹きまくる気流に取り込まれて舞い上がるのではないだろうか。採集旅行でもない手ぶらの旅なので、一体どうやってこの発想を先に進めようかと考えながら山を下りた秋の一日であった。忙しさにまぎれてこんな遊びのようなことに手をつけるのが遅れてしまって何年か経ったある日、伊豆の山並みをぬって車を走らせているときに地図によれば近くに滝のあるのに気がついた。横道に入って探してみること二〇分ほど、やがて目前に現われたのは意外と大きな滝で水量も豊富、しかも伊豆にしては観光客もなく深い緑の中でゴーゴーと勇壮な音をたてている。このときも遊びの旅とて道具も何もない。がふと気がついて同行の妻の携帯雨傘（男とちがっていつも持っているらしい）を滝壺のそばで広げさせ、逆さにして滝壺のすぐそばに置いてみた。立っていてもグッショリと濡れるほど激しい水しぶきの気流の真ん中である。少し経って傘の中をのぞいてみると布地一面は水びたしでそこには水が溜まりかけている。手早くポリ袋（これだけはいつも車においてある）に移して持って帰り、顕微鏡下で見回してみると、さまざまな微小昆虫や藻類に混じって数は少ないながらあの特徴あるイカリ形の不完全菌の胞子が見えるではないか。してやったり

図 4　滝壺の岩の上においたエアー・サンプラー

と思いながら次のステップにと計画を立てる。数週間後、研究室から電動エアー・サンプラーを持ち出して同じ滝へと車を飛ばすことになった（図4）。そのサンプラー寒天フィルムを顕微鏡の下で舐め回すようにチェックしたところ、二〇分の作動でやっと胞子が見つかり、彼らが気流から取り込まれていたことがわかった。おおよそ想像どおりの結果である。さて、この結果をどうするか。観察結果の解釈と議論となるとまだデータが不足しているし、実はまだ報告としては恥ずかしながらまとめていない現状である。ただ気流に乗って山の上にも飛んでゆくとはおそらく考えてよかろうと思っている。ただ、問題は気流で飛んでいる胞子が生きているかどうかである。水の生活に適応しているこれらの胞子はどうも乾燥に弱い傾向がある。空中を飛んでいるときはおそらく小さな水の粒子にくっついて、あるいは抱いて飛んでいるのではないかと想像しているのだが。あるいは厚膜の菌糸片や厚膜胞子の姿で舞い上がっているのかもしれない。カビの分散は胞子によるだけ、とは人間だけの単純な思い込みなのかもしれない。こういうことを考えていると、もうロマンの世界である。

こんなことを振り返り思いながら採集時期もすぎて木枯らし吹きまくる大学構内を眺めていたある日、では、冬の間の水のカビたちの姿はどんなだろうと、ふと考えた。じっと菌糸の状態で水底に潜んでいるのだろうか。冬の湖面はどうなのだろう。ある年の冬の終わりころ、水道局による貯水池の生物調査に加わったことがある。冬も終わる前のことなので湖のまわりの木立ちにも春の衣装はまだない。早朝の湖面を走る風はまだ冷たく、湖面にはうっすら氷が張っている。小鳥の声だけの静寂な中を調査船はゆっくりと湖岸にそって進む。そのとき、物音ひとつしない湖面からまことに妙なる音が聞こえてくるのに耳を奪われた。ボートが進むにつれて割れる薄氷のひそかな音である。チャラチャラというような、まさに天上の曲とでもたとえようか。冬の自然のかなでる音楽である。都会に近い貯水池のこととて、その時期に湖面をおおう薄氷は早朝だけであり、晴れた日中はのどかな水面にと変貌する。この薄氷には水面に浮かぶ水中生物のなにかが取り込まれていないだろうか。このときは発想だけにとどめておいて後日、近くの池に早朝だけに張る薄氷を採ることにした。大きなポリ袋をぶら下げて冬の散歩である。透明ガラスのような薄い氷をパリパリとすくって袋に入れて家に持ち帰ると、氷はもう溶けて水となっている。冬のことだからあまり期待をせず、溶けた水の底あたりを吸い取ってスライドガラスに垂らし、顕微鏡でのぞいてみた。風で運ばれるものもあろうが案外とさまざまな小さい生物たちがその視野に姿を見せている。よくプランクトン研究者が微環境生物の調査に細かいネットを水面に接して、表面張力によって付着する表層生物を調べているが、たとえ冬でも、氷となった表層の水を採るのもあるいは調査に有効かもしれない。水生のものも半水生の菌類胞子もそこに漂っているのである。冬の林の中でもカビの観察はできるのであるから、水面にいても差支えあるまい。ではと厳冬の真っ盛り、筑波山麓にある水生不完全菌採集に好適な小さい滝に学生たちと行ってみた。滝は凍って氷柱となっている。その氷柱を採って持ち帰り、溶けた水を探ってみたが、さすが厳冬なので目的とするカビの胞子は見つからなかった。さて、春の薄氷には水のカビの胞子を見つけることができたが、そうなると他の似た状態ではどうなのか。すると思い当たったのが雪であった。そこで次にはその雪の存在もひとつ対象として考えてみよう、ということになった。雪とは水蒸気が空中で昇華して結晶したものであるから、やっぱり水の菌類を考える以上は雪の上のものまで探ってみよう、という気になるのは当然であろう。

残雪の上にいる生物について菌類の調査文献はそれほどでもないが藻類、特に微細藻類に関しては数多くある。残雪の上には、微細藻類、特に氷雪プランクトンと呼ばれる生物群がある。古く（1902）ショダーが名づけた小さな藻の仲間で、雪の表面近くに生えて赤、緑、黄などに色づけることで知られている。日本でも彩雪、あるいは雪の華といわれて古文書にも記されているほどである。私は別にはじめから雪の上の菌類を予想していたわけではなく、前述の小著に書いたとおり、だいぶ前になるが氷雪プランクトンの研究グループに同行して尾瀬の雪原を訪れたときに気がついたのである。ミズバショウもそろそろといった早春の尾瀬は観光客の喧騒もなく白一色の静寂の世界、まだ眠っている木立ちの中の残雪を踏みしめ、ウサギや熊の足跡を気にしながら歩く。「なごり雪」というイメージもいい。すると、ところどころにポッカリと赤く色づいた残雪が見つかる。いわゆる赤雪である。これをすくって顕微鏡で見ると、氷雪プランクトンに混じってイカリ形やテトラポット形の水の中の不完全菌の胞子が潜んでいるのに気づいたのが始まりである。このヒントを大切に、忙しい春の大学で本来の仕事の暇を見つけては毎年の早春の尾瀬はもちろん、谷川岳や東北の山々の残雪地帯を探ってみた。すると、春の息吹いっぱいの下界をよそに、尾根の陰や森林地帯に溶けないで溜まっている残雪の表面には結構これらの菌類が、それもさまざまな種類が胞子の形で潜んでいることが次第にわかってきたのである。藻類学者によって氷雪プランクトンの仲間にされていたものの一つが、どうも不完全菌の胞子らしいこともわかった。とにかく報告がほとんどないのだから残雪上の菌類の存在だけは学会誌に英文で報告しておいた。これも日本国内ではあまり興味を示してくれなかったが、数年後のカナダのあるシンポジウムのあと有名な氷河を外人菌類学者たちと見学に訪れた際、お前のカビたちが待っているぞ、と彼らが囃立てる。ちゃんと覚えてくれていたのだ。日本では感じられないある意味での学問上の恐ろしさが印象として今でも残っている。彼らの中には水生不完全菌の研究者は実はひとりもいないのだ。他の分野にもかかわらず情報収集と認識整理はちゃんと行なっている、学問上の広さに感銘を覚えたのである。しかし、残雪の菌類にはまだわからないことだらけである。雪の上までの由来も不鮮明、頻度がきわめて高い得体の知れない担子菌系のある種胞子もいる。思うということと考えるということとは深さと意味がちがう。もっと考えてからもう一度観察し直そうとしているところである。定年後にはちょうどいい仕事かもしれない。

水は雨という形でわれわれの目にとまる形となり、川や池、湖という過程で循環するかたわら露、霧という、われわれがうっかり水と認識することを忘れた形でも存在する。そして、大きな、あるいはきわめて小さい水の状態のいずれにも、それぞれの環境に適応したカビ群がひっそりと生きていることを忘れるわけにはいかない。微生物を研究対象とする者たちには、それぞれの微生物の取り扱いに分離培養という操作が不可欠であるが、そこには「定法」という摩訶不思議な方法論に偏った認識があるようである。分離とは生え得るものを生やすにすぎないし、そこに生えるものが全部とは決していえない。分離操作より前、まず存在しているということに対する認識が欠けているのである。そこにいるカビはみんな生えてくると思いがちである。たとえば、先に述べてきたカビたちはこの「定法」という操作ではまず分離されてきてはくれない。実際、分離培養できないカビのあまりにも多いのにがっかりしているのが、正直なところ現状である。栄養スープ寒天のような培地の上で喜んで生えてくるカビは全体のほんのひと握りにすぎないのだから。しかし、ちょっと気をつけさえすれば、前述のように未知の菌類はまだまだ自然界にひっそりと、あるいは堂々と生息しているようなのだ。ただ、その存在に気がつかないだけにすぎないのだ。

海生菌を探して

さて、水は流れ流れていく先はというと大海である。海といっても河口や塩湖あたりの淡水の混じった汽水という状態もあるし、沿岸と大洋とは成分にも違いがあろう。そんな海にもカビがいるのだろうか。日本はかつて海国ニッポンなどと気取っていたころもあったが、海藻の研究は進んでいた反面、菌類はとなると残念ながら水産に影響のあるカビ以外には、まったく目を向けていなかった悲しい時代が長かったのである。外国、特に欧米では続々と報告が出てきているので、それではと日本沿岸の海水に生息しているカビを探ってみた。対象の大部分は学問的にいえば子嚢菌類と不完全菌類で、あとはわずかな担子菌類であった。流木や打ち上げられた流れ藻などを探しに海岸をほっつき歩く。ひとりでぶらぶら歩いていると遊んでいる子供たちが必ず寄ってくる。「なにを探しているの?」

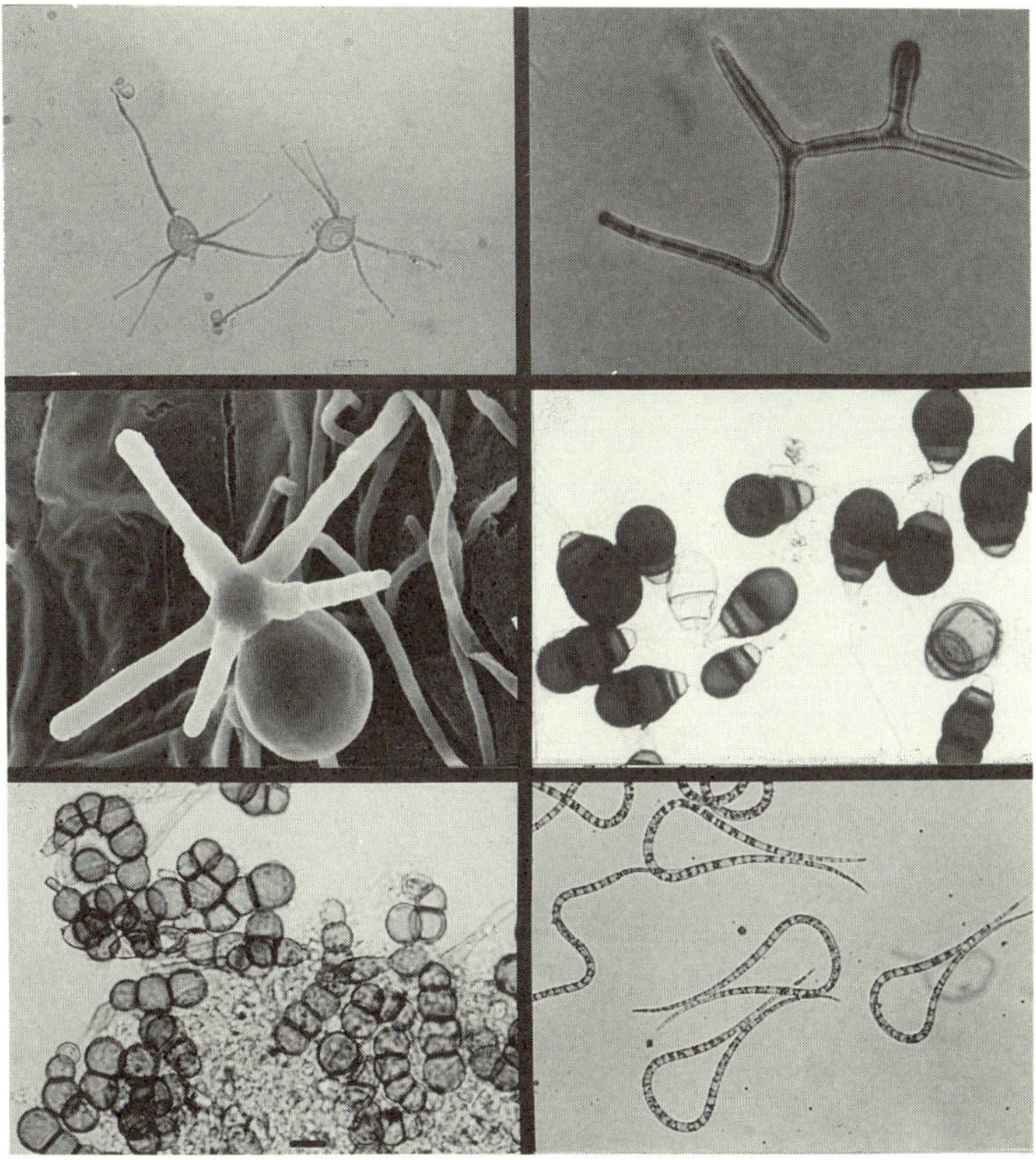

図 5　海生菌の各種胞子

と興味津々の顔で聞いてくる。「プランクトンだよ」と答えることにしている。カビだよ、などと答えると説明をせがまれるので面倒である。採集した試料を克明に調べると、文献どおりの海生菌の胞子（陸上とちがって子嚢胞子が多い、図5参照）が見つかった。そこで滅菌したバルサ材を日本各地の海に数ヶ月間投げ入れ、なんのことはない海生菌釣りのような方法をとり、回収後の材表面を調べたり、海岸に打ち寄せる泡を集めてみたりして、北海道から九州まで探ってみた。いろいろと失敗もあったが、結果は多大の収穫で、日本沿岸海水に分布するおおよその海生菌がだいぶわかってきたので、一九六六年に日本産海生菌類の最初の発表を行ない、その後も続けてきた。この研究の途上で実に印象深いことがあった。一九八五年、イギリスのポーツマスで国際海生菌会議があり、日本産菌について発表したときのことである。会議は楽しいもので、合間には巨大ドームに大切に保存されてある、トラファルガー海戦で沈んだものを引き上げた、有名なネルソン提督のビクトリー号を見物したり、余暇を楽しんだ。会議前は、実のところ海生菌の研究者は世界中でも数は多くないので参加者は限られていると予想していたのだが、会場の階段教室は満員。そんなに専門家が多いのかと不思議に思っていろいろと尋ねてみると、私は土壌細菌専門、医学細菌専門、俺は魚の専門、化石の専門、遺伝生化学の専門……などなど、菌学者以外のイギリスの若い研究者がたくさん会場にいる。それらが活発に菌類の分類、分布、生態、生化学などの発表に質問したり意見を述べたり、まったく領域の狭い日本の研究者の学会では考えられないような雰囲気がそこにあったのである。専門はともかく、生物学の広範な基礎についてはしっかりと教育を受け知識をそなえているのである。羨ましくもあり、がっかりもした。どうやら教育過程の基本に対する考え方に大きな差があるようだ。切磋琢磨して長い博物学から近代生物学を鍛え上げた人文科学に支えられたヨーロッパの歴史と、独特の発達を遂げつつあった徳川時代の博物学の見識をさっさと捨てて、できあがったものの外側だけを頂戴した日本との差は、いまでも尾を引いているような印象を強く受けたのであった。ともかく海生菌は系統、分類、生態、生理などの面でまだまだおもしろいところがあり、現在はさらに幅広い研究が当時の共同研究者の中桐博士（発酵研究所）によって進められているところである。

　水とカビとのかかわりを追って海にまできてしまった。私の表舞台に出している菌類系統分類学、特に不完全菌類の分類体系に関する研究と教育の合間にごそごそと、しかし絶え間なく、自然現象を確かめたいという願望を押し進めてきた道程の脇道のひとつである。最初は小川の流れや池の中に潜んでいる小柄ながら独特な形の胞子と、一風変わった生き方を秘めているカビの世界を推理もどきに探りながら、格好よくいえば自然生態系、わかりやすくいえば身のまわりのあちこちと「水」のあるところを考えながらやってきた。自然界における水の循環にはもっとむずかしいことがありそうである。土の中の水の流れにしても簡単なものではないらしい。ましてさまざまな種類の水の流れの中で、図のような一風変わった胞子の形は果たしてどんな意味を持っているのだろう。本当になにか水中の物体に引っかかりやすいための形なのだろうか、泡の中から採集したてのイカリ形の胞子はちゃんとした形のままなのに、流れを離れるとなぜすぐ発芽をはじめるのだろうか、など。大学定年を過ぎて研究室に通うことから離れても、発想はかえって自由である。菌学者には採集能力、分離能力、同定能力の三つが必要不可欠な基本であるとは他でも書いたが、さらに論文として発表する能力、これはむしろ義務かもしれない。分離操作の点で現在はいささか不自由となったが、あとの作業はまだ定年後でも可能である。得体の知れないほど膨大な自然の中で、隠れ蓑というヴェールをかぶって科学者の目から逃れている菌類のさまざまな世界を、もっともっと暴いてみたいと密かに思っている。菌類は不思議なもの、秘密に満ちている。彼らの秘めている機能が開発されて、人類福祉のために役立つことができたら幸いこの上もない。母なる大自然は中でうろうろしている人間よりもはるかに頭がいいのだから。電子顕微鏡、ミクロマニプレーター、分析装置こそないが、ひとつひとつ想像したことを手元の顕微鏡で確かめつつ、道筋にそって自然の営みを観察しなおしていこうと、ボケーとした時間を謳歌（おうか）している現在である。

〈コラム〉

コロンビアとの出会い

宮治　誠

一九三六年四月、私は千葉大学大学院医学研究科に入学し、皮膚科学を専攻しました。なぜ皮膚科を選んだかというと、カビの研究をしたかったからです。しかし、皮膚科とカビの関係に首をひねる方も少なくないと思います。でも水虫はご存じでしょう。水虫は白癬菌（はくせんきん）というカビの感染によって起こり、水虫の患者さんは皮膚科の外来を受診するのです。

以後、白癬菌の研究を手始めに病原真菌の研究を行なってきました。今回その研究の過程で、私が今まで南米で経験したことを少し話してみたいと思います。

一九七七年、千葉大学腐敗研究所抗生物質研究部に、マリア・シゲマツという日系二世の女子学生がはるばるコロンビアから大学院生として入学してきました。彼女はアンチオキマ大学微生物学部の修士課程を一九七五年に修了して来日したのです。その当時、南米からの留学生はたいへんめずらしく、私たちは彼女から南米の事情をいろいろと聞いたものです。時は移り、一九八〇年代に入ると、私は研究室に閉じこもって試験管を振る毎日にだんだんと厭きてくるとともに、ある種の疑問を感じるようになってきていました。なんとかしてこの生活から逃れる手段はないものかと、乏しい頭でいろいろ考えていたとき、閃いたことがありました。「そうだ！　真菌生態学をやればいい。特に病原真菌の生態学、これは穴だ！」と。

ところで、真菌生態学を研究するためにはまず研究対象とフィールドを決めなければなりません。生態学を研究しようと決めた時点で一つ問題になったのは、どこの国に焦点を合わせようかということでした。日本に近い国ならば自分たちの費用を都合してでも行くチャンスがある、どうせやるなら遠い国にしようと研究題目などそっちのけ、というわけでもありませんでしたがあれこれ考えて、候補地を二つに絞りました。アフリカと南米です。しかし、アフリカは何か治安が悪そうで、ちょっと行く気がおこりませんでした。それに反して、南米はリオのカーニバルに代表されるように、私には天国のように思われたのです。

では、次に広い南米の中からどの国に焦点を合わせてよいかが問題となります。それで、先程のマリアさんが思い浮かび、コロンビアに焦点をあてることにしたのです。文部省に提出する書類には具体的にどこを訪問し、どんなことをやり、相手の国の研究者とどう研究をまとめるか、かなり厳しい書類を提出しなければなりません。しかもコロンビアについては当時なにも知りませんでした。しかたがないのでガイドブックを買い込み、七ヶ所の観光地を研究現場と勝手に決めて、立派な（?）書類を文部省に提出しました。

こうして、一九八六年一一月午前〇時ころ、助手の田口君と二人、心配で胸をドキドキさせながらコロンビア空港に降り立ったのです。税関を無事に通り、出口にきてみると、驚いたことに真夜中であったにもかかわらず、汚い身なりをした労働者風の人たちがそれこそ溢れかえり、わぁーと寄ってきました。一瞬、恐怖に包まれ、どうしたものかと途方にくれかけた瞬間、コロンビア側の共同研究者が人波をかき分けて迎えにきてくれました。とにかく貧しい国なので、慣れない外国人

コロンビア、ボゴタにおける土壌採取。

にとっては必死の思いの入国でした。

　翌日は九時に迎えにくるというので、時差のため眠れぬ夜を過ごした私たちは、朝食も取らず、九時一〇分前にロビーに降りていき、迎えを待っていました。しかし、約束の九時を過ぎても相手は一向に現われません。同行の田口君と二人、「南米はいいかげんなところだなあ」などと小声でぼやきあって憂さをはらしていたところへ、私たちの時計で一〇時きっかりにくだんの迎えが二人で現われました。実は、私たちは時計を合わせるときに一時間早めてしまっていたのです。車の中で「ずぼらなのはわれわれ日本人だったのだ」と心中反省した次第です。

　首都ボゴダの街は人口四〇〇万人、近代的なビルが建ち並び先進国と見間違うばかりでしたが、貧しい人々が多く、いやはや恐怖の連続でした。車が交差点に止まったときなど、窓を開けているとそこから汚い手がニューッと入ってきます。

「クローズ　ザ　ドア」と、コロンビアの女性研究者は金切り声を上げます。街を歩いていても物乞いが多く、それこそ相手側に前後を護衛してもらいながら歩き回ったものでした。もう一つ、はじめてボゴタについた外国人にとって困ったことがあります。それは高山病です。ボゴタは海抜二七〇〇メートル、私と田口君はすぐに高山病にかかってしまいました。とにかく起き上がると頭がくらくらし、心臓の鼓動は鳴りだし、吐き気が襲ってきます。ものの本によると、このようなときには酒を飲んだりお風呂に入ったりしてはいけないと書いてあります。ところが、心の弱いわれわれはその行為をすべて完了して、結果としてベッドにひっくりかえってしまいました。寝ていると身体が水平になるため、多少気持ちはよくなります。翌朝、ベッドメイキングのメイドさんがきてくれても、われわれ二人はベッドから起き上がることもできません。とにかく「周りだけきれいにしてくれ」と、相手に伝わらない日本語で言い、毛布をかぶって目を瞑っている状態でした。しかし、二日後に海岸にあるカルタヘナという観光地に飛行機で降りていくと、うそのように不快感がなくなっていきました。

　こんな経験をして、翌年またコロンビアを訪問しました。ふたたび、びくつきながら空港を出てみると、これはまたどういうことか、昨年あれほど群がっていた群衆がほとんどいません。構内は整然としており、約三〇メートルおきに自動小銃を肩につるして銃口を斜め下に向けた兵士が徘徊しています。ボゴタの街の中心街に行っても状況は同じで、まったく危機感はなく市内をぶらつくことができました。なぜ、このような状況になったのか。実は昨年われわれがコロンビアを離れた一ケ月半後、あるゲリラグループが最高裁判所を襲撃し、最高裁判所長官をはじめとする裁判官一〇人以上を人質にとり、裁判所に立籠もりました。

これに対してコロンビア陸軍は話し合いも早々に総攻撃をかけ、長官を含む人質もろともゲリラを射殺してしまったのです。以後政府はゲリラの報復を警戒し、おもな公共施設や町中に兵隊を派遣し警戒していたのです。おかげで治安は安定し、外国人にとってはまったくありがたい状態でした。今回は、ボゴタのあと、麻薬密売で悪名高いメデジンを訪問しました。メデジンの著名な研究者が講演を依頼してきたためです。

　メデジンは、アンデス山脈の谷間に流れこむ川にそって細長く伸びた盆地です。両側を高い山肌に囲まれ、コロンビア第二の人口を持つ街として知られています。しかし、失業者や流れ者が満ち溢れ、なんともいえないとげとげしい雰囲気をかもし出しています。両側の山肌には、天にも昇るがごとく、木や紙でつくったバラック（カペーラ）がひしめくように建っています。農地があまりなく、麻薬がただ一つの産業であることは理解できました。郊外にあるメデジン空港から市内までは急斜面の上り下りする道路を利用します。片側一車線の道路は上りになると大量の荷物を積んだトラックが黒い煙を噴き出しながらのろのろと登っていき、後ろについている乗用車はこれを追い抜くために隙あらば、と前方を睨みつけています。とにかく交通量が多く、対向車線は下りの車がビュンビュンとぎれなく通過していきます。その間隙をついて追い抜いていくのですから、思わず目を瞑ってしまう場面が連続し、まさに命の縮まるドライブでした。

　コロンビアはアンデス山脈の山々からなる国なので、平野はあまりありません。ただ牧畜が盛んで世界で有数の畜産国です。しかし、山の斜面で飼われているためか、牛は痩せていて、そのビフテキはあまりおいしくはありません。それでも招待してくれたコロンビア人はおいしそうに食べていました。

カビといい酵母という生物

椿　啓介

カビの面から酵母の分類を眺めてみよ、という題目を与えられた。不明瞭のところばかり残されている現在の両者の分類体系、視点が同じともいえない部分の多い両者の分類学を正確に論ずる力はとても持ち合わせないし、書いている間に、カビとは、酵母とは、という出発点に戻ってしまった。そこで、現在はもう子嚢菌類や担子菌類と酵母といわれる生物群との結びつきを語る事実はたくさんわかってきているなかで、ここでは今までの両者の関係の流れを振り返って述べることにする。

カビと酵母の最初の認識

カビとか酵母という言葉がまだわれわれの前に現われるずっと以前、人類はまず周囲の生き物を、動くものを動物、動かないものを植物として区別することから始めた。その植物を考究する学問、すなわち植物学の始まりは、ギリシアのテオフラストスの『植物誌』（紀元前三〇〇年ころ）といわれる。そのころには菌類の観察はまだ行なわれていない。菌類の中で肉眼的に認識されるものとしてキノコが木版刷りになったのは一四九一年で、かわいいキノコが描かれている。そこから百数十年ほどの後、最初に微小菌類、いわゆるカビが描かれたのは一六六五年、ロバート・フックによる有名なミクログラフィアに描かれた図で、そこにはケカビの胞子嚢とバラのサビ病菌であるフラグミディウム(*Phragmidium*)の冬胞子が美しく描かれてある。驚くことは、そこには図のスケールまで示されていることである(図1)。また顕微鏡の発見で知られているレーウェンフックがイギリス王立協会に宛てた書簡(一六七三年)には、カビ(おそらくはケカビ)の観察記録が載っている。このあたりが、カビを最初に見た記録らしい。ところが同時に素晴らしい観察が載っている。それはレーウェンフックが彼の手製の顕微鏡で酵母を観察しているのである。それによると、発酵の終わったビールをグラスに注いだところ懸濁した液の中に無数の微小な次のようなものが見えたとある。すなわち、いくつかは球形、他のものが形不規則、二つ、三つあるいは四つ連なっている。他にも六つ連なっていたり、完全なイーストの球体である……。つまり、彼が単一な、また出芽増殖により酵母細胞集団を最初に認識したということになろう。

このカビと酵母の両方の最初の観察をまず記憶にとどめていただきたい。というのは、両者の間には観察方法に基本的な差があるのである。カビの場合には、植物の葉とか樹の表面とかの自然基質の上に生えている姿を、まず肉眼的にとらえて詳細に観察するところから始まる。植物の観察態度から導入された見方であろう。当初のこの態度がやがて微生物学の発展にともなった純粋培養技術へと進

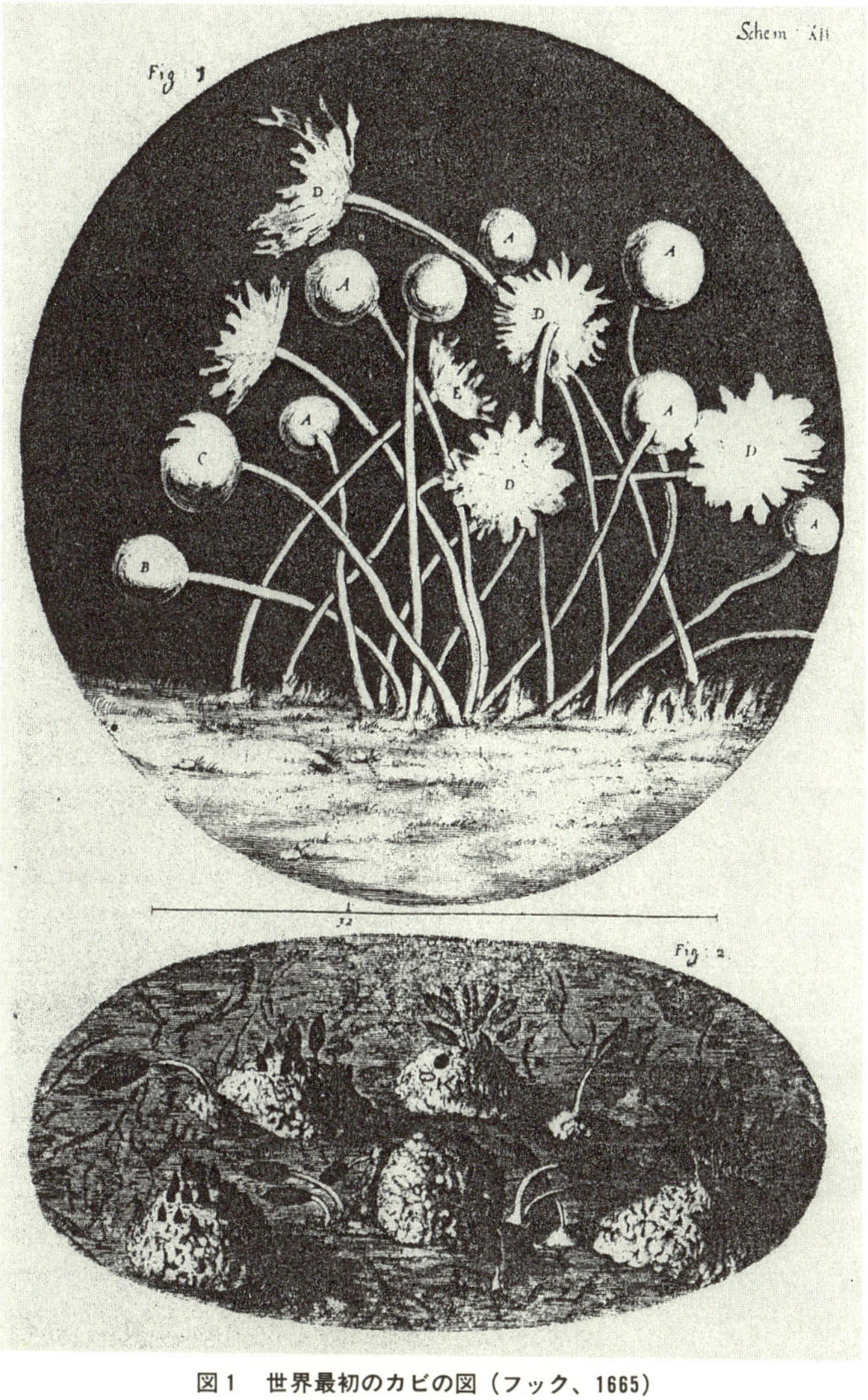

図1　世界最初のカビの図（フック、1665）
（アインスワース『菌学史』1976より）

んできたのであるが、自然の姿をまず認識するところから出発する。ところが、ひるがえって酵母の場合はどうであろうか。もちろん酵母は顕微鏡的な大きさの細胞であるから肉眼観察はとてもできない。ただ、酵母には発酵学の進歩にともなって発達した培養という強力な武器があり、当初から分離培養という技術が駆使されてきた。要するに、自然の姿のカビの観察から始まるという態度と、見えないものを見えるようにする操作、培養してみるという、いわば一つの「ふるい」を通してから酵母の観察を始める、という基本的な両者における差が、その後の研究の発展にも影響を少なからず与えているように思われてならない。もちろん、土壌カビ、空中カビなどを分離するようになってから、カビの場合でも後者の操作が採られるようになったが、扱うカビと酵母の細胞の形の違いもあろうが、基本的な考え方の差が研究者の考え方、研究方法にも差となって現われているような気がするのである。

どうもカビと酵母の認識から方法論的な話になってしまった。それでは両者の違いはなんであろう、という出発点に戻ってみよう。

カビと酵母の生え方の違い

ここにある細胞があるとする。その細胞が殖えようとするときには、まずどんな方法があろうか。最も簡単な方法は細胞が真っ二つに分かれること、すなわち分裂である。もう一つは細胞の端から芽が出て、それが親の細胞と同じくらいの大きさになると離れて独立し、同様な行動を繰り返す、すなわち、出芽増殖である。酵母の大部分は後者の法を採るが前者の方法も見られる。どちらも分かれて独立した細胞それ自体が出芽胞子形成細胞となるわけである。この分裂や出芽以外に菌類が採った方法は、より植物的というか芽を出すところまでは似ているが、その発芽した細胞はそのまま伸びて糸状細胞、すなわち菌糸となる方法で、この菌糸は分枝を繰り返して複雑な形をつくっていき、そのある部分に胞子形成細胞が分化して先端に胞子をつくる。これがカビといわれる繁殖型の基本である。

単純にまとめてみると、以上のように、カビは菌糸をつくって生育して胞子をつくり、酵母は出芽を反復して増殖する、ということで区別されそうであるが、実は話はそう単純にはいかない。生物は、特に菌類はまわりの条件によって、まことに変幻自在といってもよいほどさまざまな形を取ることができるのである。あるいは、そのような形を取り得るのが菌類である、と言ってもいいのかもしれない。典型的なカビ、たとえばアオカビと、典型的な酵母、たとえばビール酵母を並べてみると生え方や形態における両者の差は歴然としていて、上に述べたような結論は容易に適用できそうであるが、カビの仲間の中には条件が変わると一転して酵母のように生えてくるものもあって、判断に苦しむことさえあるのである。つまり、カビと酵母が条件によって相互乗り入れのような表現型をとってくるのである。このことは、カビの菌糸の先端生長とは出芽の極端な形と理解すればわかることであるが、それにしても菌類の多様性には目を見張ることが最近になり次々と明らかになってきた。さらに急速な発展を遂げてきている分子系統学の手法によって、たとえば、単純な形の比較から、この菌類はカビで、あれは酵母である、と言っていても、実は両者は目で見えないところでしっかりつながってい た、などという事実が次々とわかってくるようになった。したがって、培養下で表現される姿から、これはカビ、これは酵母と分けることは多くの場合、不可能ではないが、相互乗り入れをしているカビと酵母との形の区別は必ずしも系統を示していることではない、ということを常に念頭に置いておく必要があろう。

先に菌類研究の態度に二つの見方があると述べた。ここで、まず自然界における姿を両方から眺める、というか、菌類の生活史を追及している間に見つかったカビと酵母とのつながりの例を私なりに紹介する。

菌類生活史から眺めたカビと酵母

菌類の生活史とは、わかりやすく言えば、ある菌類細胞が生まれてからさまざまな姿を経て一生を終わり、またもとの細胞を生む姿に戻るまでの道程の歴史、ということになろう。この出発点を生活史のどこから選んで考えるかが大事なところである。菌類の生活史は他の生物群、たとえば一般の植物にくらべてきわめて融通に富んでいるといえる。そこには有性と無性の二つの生き方がある（図2）。かつて両者を有性世代、無性世代と呼んだこともあったが、菌類に見られる両者と、コケ植物やシダ植物でいう世代交代とはイメージはまったく異なっていて、菌類の場合は単なる型であって世

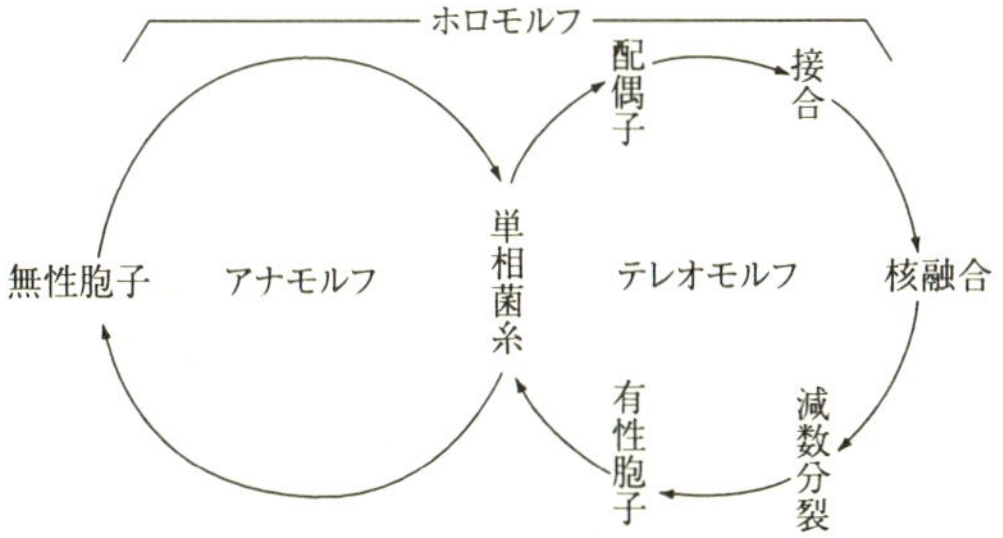

図2　菌類の生活史

代という用語を用いることは適当ではない。菌類では、その世代を経なくては生活史を全うできない、という厳密なものではなく、まわりの条件によって自由に姿を変えることができるのも特徴ともいえる。それで、世代ではなく、一つのモルフ、いわば型の時代にすぎないわけで、現在ではテレオモルフ（有性時代）、アナモルフ（無性時代）、両者をあわせてホロモルフと呼ぶことになっている。それで、たとえば土壌サンプルを水に混ぜて寒天平板に流せば、さまざまなカビ、酵母が姿を見せてくるが、その大部分はアナモルフの姿であって、そこから彼らがいったいどのようなテレオモルフ、すなわち有性時代を隠し持っているかは計り知れないことも普通である。多くのカビのように寒天培地という自然界には存在しない条件では嫌気がさすのか無性の状態で終わってしまう。酵母のように比較的容易に子嚢をつくってくれるものもあるが、それはむしろ例外的かもしれない。そこで浮かび上がらせて考えるのが、それぞれが持っている生活史である。自然界ではどんな姿で生活しているのかを探ることになる。

私が最初に出会ったカビと酵母の結びつきはサクラの天狗巣病を起こす原始子嚢菌類といわれたタフリナ属（*Taphrina*）であった。詳しくは拙著（『カビの不思議』筑摩書房）にゆずるが、サクラ、モモ、ウメなどに寄生して葉や枝に畸形をきたす菌で、子嚢胞子を寒天上にまくと、まったく酵母状に増殖して淡いピンク色のコロニーとなってしまうのである。すなわち、培養下ではアナモルフばかりで、葉の上で示すカビ状のテレオモルフのかけらも見せない。ここでカビとか酵母とかに分けるのは実験室での姿しか見ないで結論をつけたがる人間の勝手な見方かもしれない、ということにまず気がついた。次に行なったのが上記のタフリナ属の隣に並べられている、植物に癌腫病を起こすプロトミセス属（*Protomyces*）である。それまでに、いまだ純粋培養の記録がない。いささか苦労して子嚢胞子を発芽させてみると、これもまたピンク色のコロニーをつくったのである。ここで自然界ではカビの姿であるタフリナ目子嚢菌と酵母がつながったわけであるが、最近になって分子系統学的な手法により、両者がシゾサッカロミセス（*Schizosaccharomyces*）なども含めて古生子嚢菌類という新分類群の代表を占めるという画期的な事実が日本で発見されたのである（西田・杉山、一九九四）。

次のつながりは、今度はキノコの仲間から見つかった。やはり試験管の中で生育しているカビや酵母の姿だけでは飽き足らず、自然界で生えている全体の姿を探ってみようとさまざまなキノコを培養してみた。キノコは自然界では例の形をしているが、試験管の中ではカビの姿となり、案外と分生子をつくってアナモルフを見せるものがある。高価な中国料理で見られる純白、寒天質のシロキクラゲというキノコがある。その担子胞子を取り出して培養してみると、これが寒天上では真っ白い酵母の姿となった。おもしろくなって近縁のキノコを採集して培養してみた結果、シロキクラゲ科の属のものはほとんどが寒天の上では白い酵母の姿になることがわかった。これでキノコと酵母はつながる事実がわかったのである。

次に見つかったのがやはり担子菌系統のある種のキノコであった。それは、担子菌類のクロボキン目のグラフィオラ属(*Graphiola*)である。担子菌類は代表的なマツタケ、シイタケなどの柔らかいキノコと、サルノコシカケなどの硬いキノコがよく知られているが、その他にむしろカビ的なサビキン目とクロボキン目がある。グラフィオラは後者のクロボキン目の仲間で、ヤシ科植物の葉の上に寄生している。この仕事はむしろ見当をつけてから始めた。クロボキンの仲間は若い培養下で酵母様を示すことが見えるからである。これも胞子を発芽させるとピンク色の酵母コロニーとなった。

以上の四つの例を並べてみると、後の三つは明らかなキノコとのつながり、最初のタフリナ、プロトミセスは子嚢菌類が、古くは子嚢菌酵母と子嚢菌カビに別れる以前の古生子嚢菌類の仲間であるというところから、菌類がカビと酵母という両方の生き方を持つようになったのはかなり古い時代の選択であったのであろう。

そうなると、ここで担子菌酵母という一群の酵母に触れなければならない。この仲間の研究は長谷川、坂野、中瀬、浜本らによってつなげられた、世界をリードする分野であることはよく知られている。私がかつてデルクス(1930)の仕事に刺激され、日本にもこのような胞子を投げるおもしろい酵母がいるのかと思い、やってみたところ、スポロボロミセス(*Sporobolomyces*)という一群の赤い酵母がごく普通に生葉などの植物組織表面に存在することを報告してから、早くも四十数年が経ってしまった。つくってから空中に放り出されるバリストスポアという胞子に対して、射出胞子という訳語を一九六〇年ころつくったが、発音しにくくて困ったことを覚えている。その後、私はカビの仕事に移ってしまったが、その間のこの担子菌酵母の一連の研究は上記の研究者たちによって日本で見事な発展を遂げている。

　ただ、いつも気になって仕方がないことがある。この本文の最初に戻っていただきたい。菌類の分離培養には二つの行き方があるというところである。自然界の姿を見つけ、それから培養物を得る方法と、見えないものを見える姿にして培養を得るという、一般的には希釈培養法と呼ばれる方法である。キノコの培養物を得るのは前者の操作で、土壌カビや酵母は後者によるという基本的な分離操作の違いである。ここで考えたいのは、これだけたくさんの担子菌酵母が自然界から発見されているのに、なぜ、彼らのテレオモルフの姿が自然界で見つからないのか、ということである。培養下で見える担子菌酵母の有性胞子以外に、子座などをともなった有性器官はほんとうにないのであろうか。酵母細胞は肉眼的には見えないし、葉上に彼らのコロニーが散在しているという観察報告もあり、あるいは彼らは培養下で見られる姿そのもので自然界においても生活しているのかもしれない。しかし、異担子菌類の新分類群がどしどし外国で発見され、その研究の多くは培養をともなったものではないが、それらの詳細な記載図には射出胞子が担子胞子から直接につくられていたり、出芽様のアナモルフの姿が描かれていることをよく見るのである。私は、分離とは、自然界でつくられた、これらの有性胞子の最初の発芽の問題にあるのではないかと想像はしている。これからは想像だが、もしかしたら担子菌酵母群のあるものは自然界では培養下とまったく違った顔をし、澄ましてテレオモルフの姿で生活している、ということはないのだろうか？　希釈培養法ではまず分離されてこない菌類のあることを今までにたくさん見ていると、ついこんな考えも浮かんでくる。自然界のテレオモルフからアナモルフを誘導する手法を採ってきた私は、どうもこのような夢を描いてしまうのである。樹上のカビのコロニーに寄生しているマッチ棒の頭ぐらいの小さなトレメラ（*Tremella*）の仲間や、まだ未記載の種が残されている寄生性の弱い異担子菌類の仲間などに、そんな姿で生きているものもいてもいいような気がしてならない。カビと酵母の相互乗り入れの多い姿がわかってきた菌類の研究には、研究者の方も相互乗り入れの態勢で進む他なさそうである。自然基質をルーペや実体顕微鏡でなめまわすように観察し、子実体が見つかったらミクロマニプレーターで直接に単胞子分離してみる。そこに生えてきた姿が酵母様であったらすぐさま酵母として研究、分子系統樹の解析に取りかかる。そんな共同研究が若い方々の間に生まれたら、などという夢を描く時代になっているようである。

酵母という、液相における自然生活に適応して形質を進化させてきた、また、発酵という巧みな呼吸法を獲得してきた生物は、ある面からみるとたいへん進んだ菌類であろう。自然界においても、樹液や蜜槽などの液相におけるパイオニア的な菌類は一連の酵母群である。スペルモフトラ（*Spermophthora*）、アシュビア（*Ashbya*）、クレブロテシウム（*Crebrothecium*）、エレモテシウム（*Eremothecium*）、ネマトスポラ（*Nematospora*）、アスコイデア（*Ascoidea*）などの諸属と酵母との関係は、果たして全部が解明されているのだろうか。今までは、自然基質上だけの観察、あるいは培養下だけの観察に片寄りすぎてはいなかっただろうか。担子菌酵母とトレメラ科アナモルフの酵母時代と比較して、果たして両者の性行動は同一なのだろうか。キノコと同様に不和合性因子が見つかっているのだろうか。

ここで思い出すのは、小林義雄先生がすでに一九五四年にいみじくも提唱した「菌類の酵母化」という概念である。現在ではいくぶん、問題もあろうが、反復して読んでみたい内容なのである。

タクアンと塩と酵母

中瀬　崇

私は、大学を卒業して以来、途中一〇年間の空白期間をはさんで、二十数年間にわたり酵母の分類の研究を続けてきた。その間、失敗も含め多くの心に残る経験をしたが、相手が微生物とはいえ、印象に残るほとんどの経験は人との出会いをともなっている。

長年、食品会社に勤務していたこともあり、微生物と食品のかかわりには大いに興味を持っていたが、直接その関係の仕事をすることは少なかった。そのような中で、よき友人である加藤司郎氏との出会いは食品と酵母を仲立ちとするものであり、双方にきわめて有益な結果をもたらした。

当時、埼玉県食品工業試験場の主任研究員をされていた加藤氏が来室されたのは、私が理化学研究所に移り、半年ばかり経過したころである。どうやら研究も軌道にのってきた昭和五八年の四月、桜の花が散り、葉桜になったころと記憶している。培養生物部系統保存室長であった金子太吉先生から「埼玉県の試験場の人が話を聞きにくるそうだが、酵母のことだというから頼むよ」といわれ、お会いして話を伺った。後で聞いたことであるが、当時、自治省から埼玉県の商工部長に出向していた役人が、「わからないことは理研に行って教えてもらえ」というので、紹介者もなしに理研に行ったら、事務から培養生物部へ行けといわれたとのことである。

村長さんといった感じの加藤氏が、訥々（とつとつ）と、しかも懸命に自分の研究について説明された。当時、私は他の分野の研究で費やした一〇年間の空白を早く埋め、酵母研究の最先端に出たいとの気持ちが強く、やや焦り気味であった。面倒な話を持ち込まれるのではないかと、いささか及び腰で応対したことが記憶にある。さぞ態度が悪かったであろうと反省している。

加藤氏は「タクアン漬けは埼玉県の重要な産業であり、世間の健康志向に対応して、その低塩化技術の開発が求められている。そのため、窒素ガス充塡（じゅうてん）法による低塩タクアン製造法を開発した。窒素ガス充塡すると、タクアンの変敗の原因菌のひとつである産膜酵母が生育してこなくなる。また、産膜しない酵母も従来の酵母とは違ってくるようである。酵母がどうなっているか知りたい」と話された。

とにかく、酵母を分離して持ってきてくれるようにお話し、お帰りいただいた。その後、何回が連絡があったが、その年の一〇月になり、川越市および岡部町の漬け物工場の窒素充塡法によるタクアン漬け製造槽から分離した酵母五株を持って理研に見えた。とりあえず菌株を預かり、「仕事に余裕ができた時に調べてみます」といって、またお帰りを願った。

余裕ができた時というのは、気が向いた時という意味であったが。

低塩タクアン漬けの製造と問題点

タクアン漬けはわが国で最も普遍的な漬け物であるが、時代により製造法が異なり、地方によっても異なる。第二次世界大戦までの伝統的な方法では、大根を乾燥してぬか漬けする場合が多い。私が子供のころのタクアンもそうであったし、郷里の農家で漬けるタクアンは今でもこの方法によっているとのことである。

戦後は大根を収穫後、洗わずに塩押しし、柔らかくした後に洗浄、塩漬け貯蔵したものを、出荷時に調味して製品化する方法が主流になっている。塩漬け貯蔵では、四、五月ごろになると漬け液の表面が産膜酵母でおおわれ、ショウジョウバエやカビなどが発生して不衛生な状態になるが（図1）、食塩が一八％以上使ってあれば内部の漬け液は腐敗しないので、大根の貯蔵性には影響はなかった。

加藤氏がはじめて理研に来訪された昭和五八年当時、漬け物の全国出荷額は四千億円であり、その半分の二千億円がタクアンであった。タクアン漬けは埼玉県の重要な地場産業であり、その生

図1　従来法によるタクアン漬け製造（加藤司郎氏提供）

産額は二〇〇億円に達し、全国一であった。

昭和三〇年代後半の高度成長に始まる経済発展により、わが国は世界の経済大国となり、飽食の時代を迎える中で、国民の健康指向が高まった。特に食塩の過剰摂取に警鐘がならされ、食品の低塩化が叫ばれるようになった。タクアン漬けも当然、低塩化が試みられ、市販製品の食塩含量が四％前後になり、調味前の脱塩が必要になった。一八％食塩の場合には二日間程度流水にさらす必要があるが、手間がかかるうえに品質劣化が避けられず、また、食塩を含んだ洗浄水による環境汚染問題が大きな社会問題となっていた。六～八％の食塩濃度で原料大根を保存する試みもなされたが、本来、漬け物は高塩や高酸により有害微生物の増殖を阻止した保存食品でもあるので、低塩化は当然、製品の変敗を招く。冬のはじめに漬け込んだ低塩タクアンは春先には酸敗が始まり、急速に変敗状態になる。

地場産業の技術指導を任務とする県の食品工業試験場に勤務する加藤氏はこの問題に取り組み、タクアンの製造槽をポリ袋で覆い、窒素ガス充填を行なうことにより、好気性微生物の生育を抑制し、夏前までタクアンを良好な状態で貯蔵することに成功した。彼はこの方法によりタクアンが長期に良好に保存されることを、科学的に証明したいと考え、模索していたのである。

タクアン漬けの製造に関与する酵母

漬け物の製造に関与する微生物は乳酸菌と酵母であり、チーズなどと同様にこの両者の協力により微妙な風味が付与される。高濃度の食塩存在下に長期間漬け込まれるタイプの漬け物では、酵母はデバリオミセス属（*Debaryomyces*）が優勢になることが多い。漬け液の内部に増殖する酵母と、表面に生育する、有害（と思われていた）産膜酵母があり、両者は異なった種と考えられてきた。前者はデバリオミセス・クレッケリ（*Debaryomyces kloeckeri*）およびデバリオミセス・サブグロボサス（*Debaryomyces subglobosus*）、後者はデバリオミセス・ハンゼニ（*Debaryomyces hansenii*）およびデバリオミセス・ニコチアナエ（*Debaryomyces nicotianae*）とされていた。しかし、実はこれら四種は同一種であり、デバリオミセス・ハンゼニであることが明らかになっている。産膜性のない株から産膜性のある株への変異は比較的容易であり、産膜性のない株を平板培地に接種し、巨大コロニーを作らせたときに出現する有皺のセクターを分離すれば産膜性の株が得られる。

デバリオミセス属の酵母は寒天培地に接種し、一五〜二〇℃程度の比較的低温に一〜二週間培養すると多量の子嚢胞子を形成して（図2）、コロニーが茶褐色になる特徴があり（図3）、子嚢胞子の表面には明瞭な突起がある。加藤氏の酵母は一向に茶褐色にならないので、顕微鏡で観察したところ、球形で平滑な表面を持つ子嚢胞子の形成が観察された（図2）。また、かなり強いアルコール発酵能が認められた。これはサッカロミセス属（*Saccharomyces*）の特徴であり、詳細な同定実験を行なった結果、サッカロミセス・セルヴァジ（*Saccharomyces servazii*）であることが明らかになった。

サッカロミセス・セルヴァジは一九六七年にイタリア、ペルージア大学のカプリオッティ博士がフィンランドの土壌から分離した酵母であり、サッカロミセス・セレヴィシアエ（*Saccharomyces*

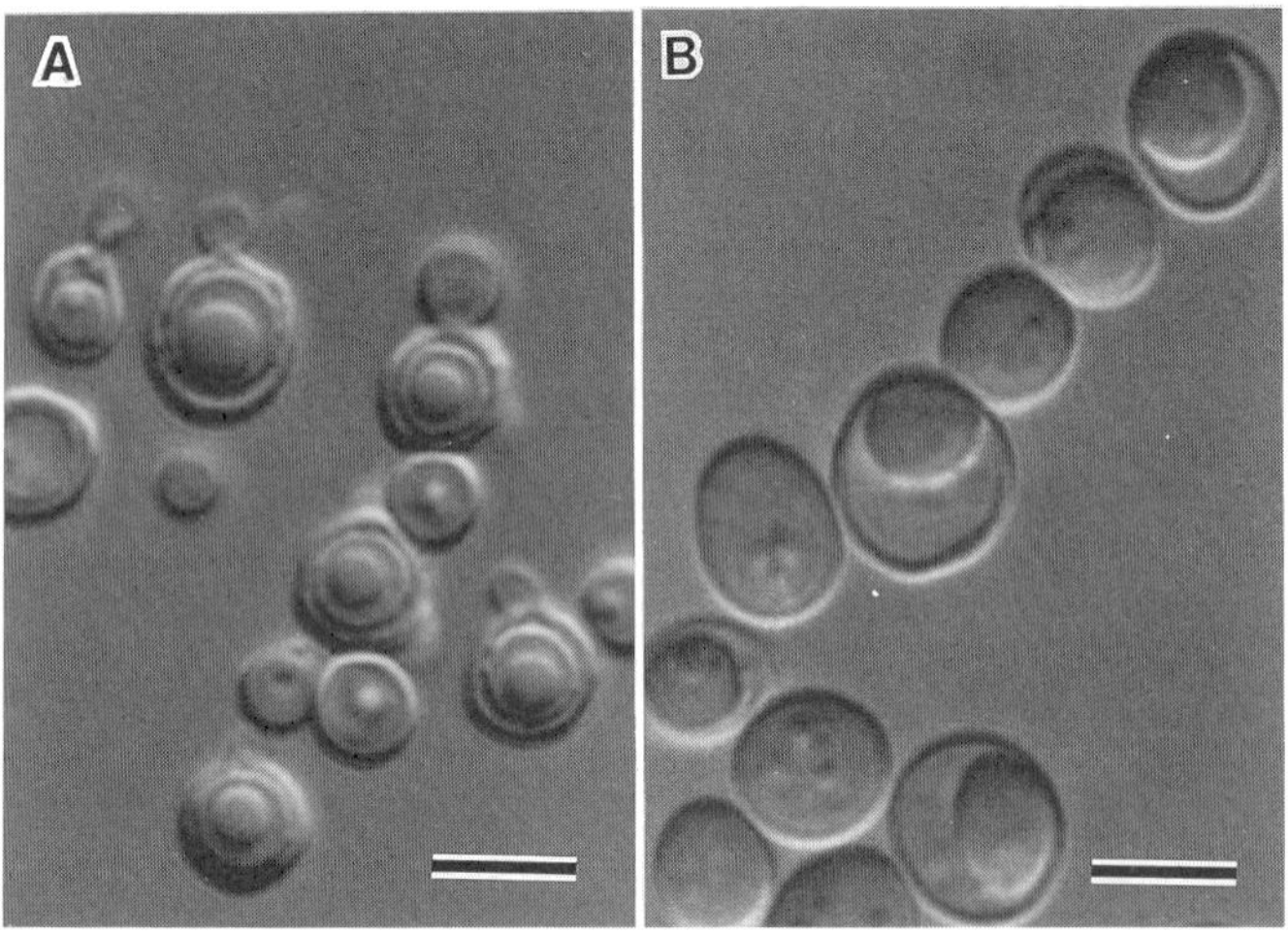

図 2　デバリオミセス・ハンゼニ（A）とサッカロミセス・セルヴァジ（B）の子嚢胞子（鈴木、中瀬原図）。スケールは 5 μm

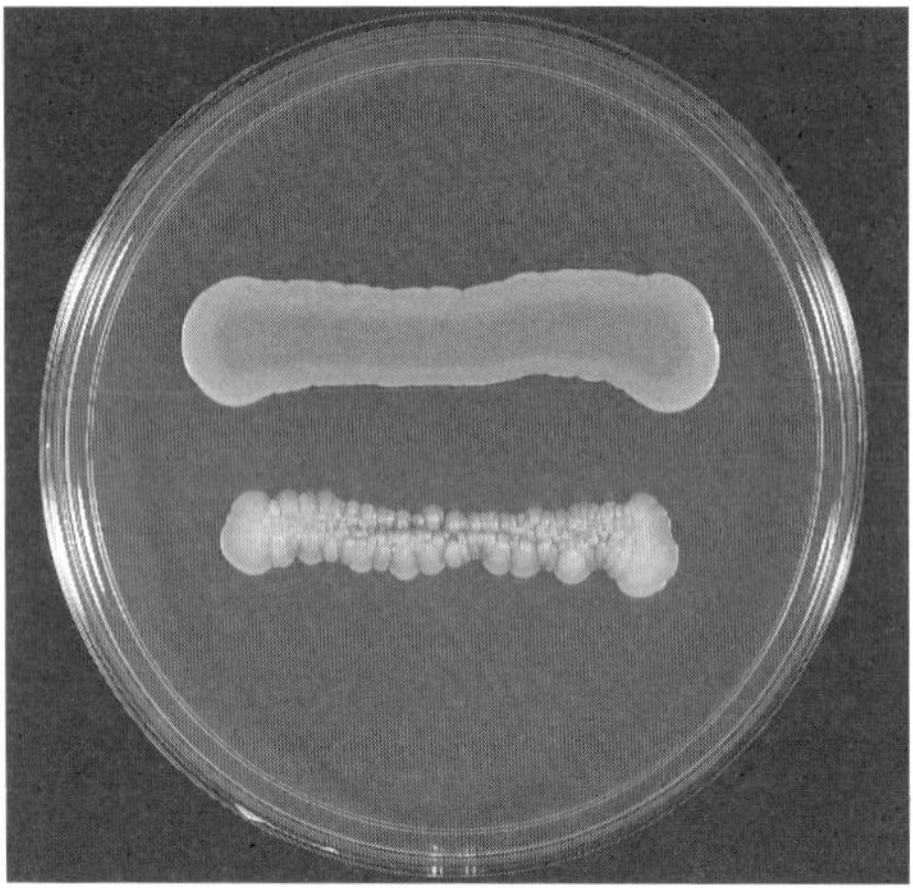

図 3　デバリオミセス・ハンゼニ（上）とサッカロミセス・セルヴァジ（下）の寒天培地上に形成したコロニー

cerevisiae）など、伝統的な醸造工業において用いられる、いわゆる狭義のサッカロミセス属ではなく、広義のサッカロミセス属といわれるものである。サッカロミセス・ダイレンシス（*Saccharomyces dirensis*）、サッカロミセス・エクシグウス（*Saccharomyces exiguus*）、サッカロミセス・ユニスポルス（*Saccharomyces unisporus*）がこの仲間である。

広義のサッカロミセスはサワー種のパン種として知られるサッカロミセス・エクシグウスを除いては伝統的な酵母工業で利用されるものはない。サッカロミセス・セルヴァジは上述の土壌からの分離株と、分離源が記録されていないフィンランドでの分離株が知られていた。後者もおそらく土壌由来株と推定されるが、カプリオッティ博士はこの酵母の発見後間もなく、交通事故で他界されたので、今となっては確かめようがない。サッカロミセス・セルヴァジはその後、分離された例はなく、きわめて希少な酵母と思われていたので、これがフィンランドからはるか離れたわが国で発見されたことは驚きであった。

上司の駒形和男先生に相談した結果、加藤氏にタクアン漬けの製造工程から経時的かつ定量的に酵母と乳酸菌を分離してもらい、漬け液の化学成分の変化も同時に分析してもらうことにした。加藤氏はこれらの仕事をていねいに行なわれ、実験データと菌株を持ってこられたので、昭和六〇年三月から三年間、理化学研究所の研究嘱託として、食品工業試験場の勤務の合間に分離酵母と乳酸菌の同定実験を行なっていただいた。

タクアン漬けの製造工程の微生物の消長

一一～一二月に収穫した大根を塩押しし、洗浄後、コンクリート槽で荒漬けし、本漬けの後、調味液に漬けてから袋詰めして殺菌、製品とするのが伝統的なタクアン漬け製造法である。この方法は開放した貯蔵槽を用いる（図1）。加藤氏の開発した窒素ガス充塡法ではコンクリート槽に気密性の袋を内張りし、内側および外側をポリエチレンの袋で覆い、大根を漬け込んだ後に、押板と重石をしてから気密性の袋でシールし、内部の空気を窒素ガスで置換するものであり（図6）、酸素濃度は二％前後に保持される。この方法では一一～一二月に漬け込んだ場合、八％の食塩では七月以降も貯蔵可能であったが、六～七％の食塩では五～六月にかけて乳酸菌が生育して酸敗することがある。加藤氏は生産現場での実証実験を繰り返し、実用に耐える技術を確立した。さらに安定した方法として確立するために、この方法による貯蔵性改善の機構を明らかにしたいと考え、関与する微生物である酵母と乳酸菌の動態と漬け液成分との関係を検討した。

小規模の実験装置を作成し、経時的に酵母、乳酸菌を定量的に分離し、また、漬け液成分とガス相を分析した。酵母は生菌数を計算した平板培地から、コロニーの性状を観察し、その量比を反映するように一試料当たり一二株前後を釣り菌し、一二六株を得た。グルコースなど五種類の糖の資化性、硝酸態窒素の資化性、アルコール発酵能、ビタミン要求性、三〇℃、三七℃、および四二℃での生育、コロニーの性状および細胞の形態に基づき、群別し、四九株について詳細な同定実験を行なった。また、乳酸菌は菌数測定を行なった平板培地より無作為に八株を分離、合計一二一株を分離した。乳酸菌と酵母の同定は常法により行なった。

この結果、低塩濃度（五〜六％）では従来法および窒素ガス充填法ともpHは徐々に低下し二〜四月にかけて四・三程度まで低下した。従来法では、四月以降の気温の上昇にともない産膜性のデバリオミセス属酵母が生育し、pHが上昇してエタノールが消費され、ピキア属（*Pichia*）、ロドトルラ属（*Rhodotorula* 赤色酵母）などの有害酵母が増殖した（図4）。また、ラクトバチルス・ブレヴィス

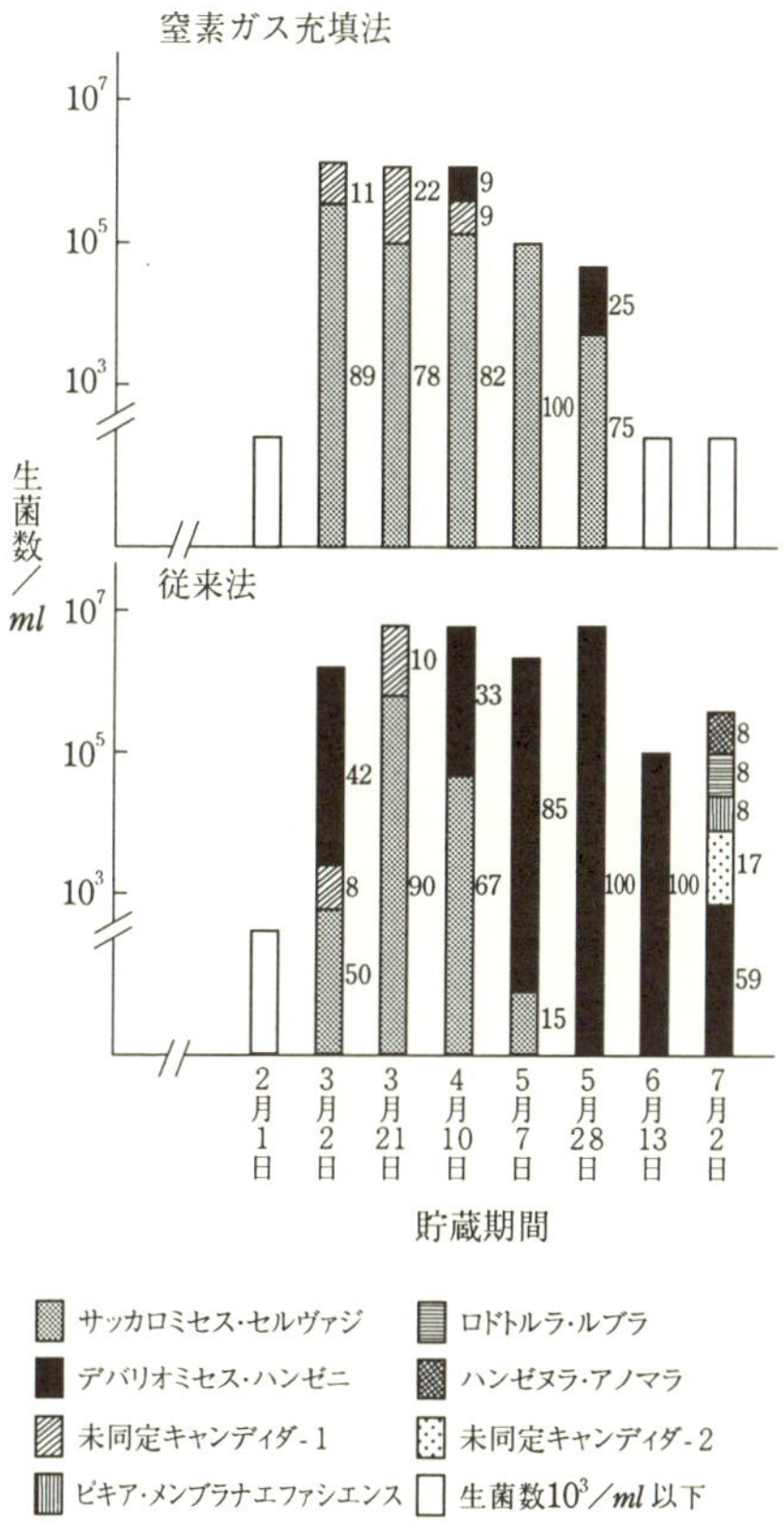

図4　タクアン漬け大根貯蔵中の酵母種の消長

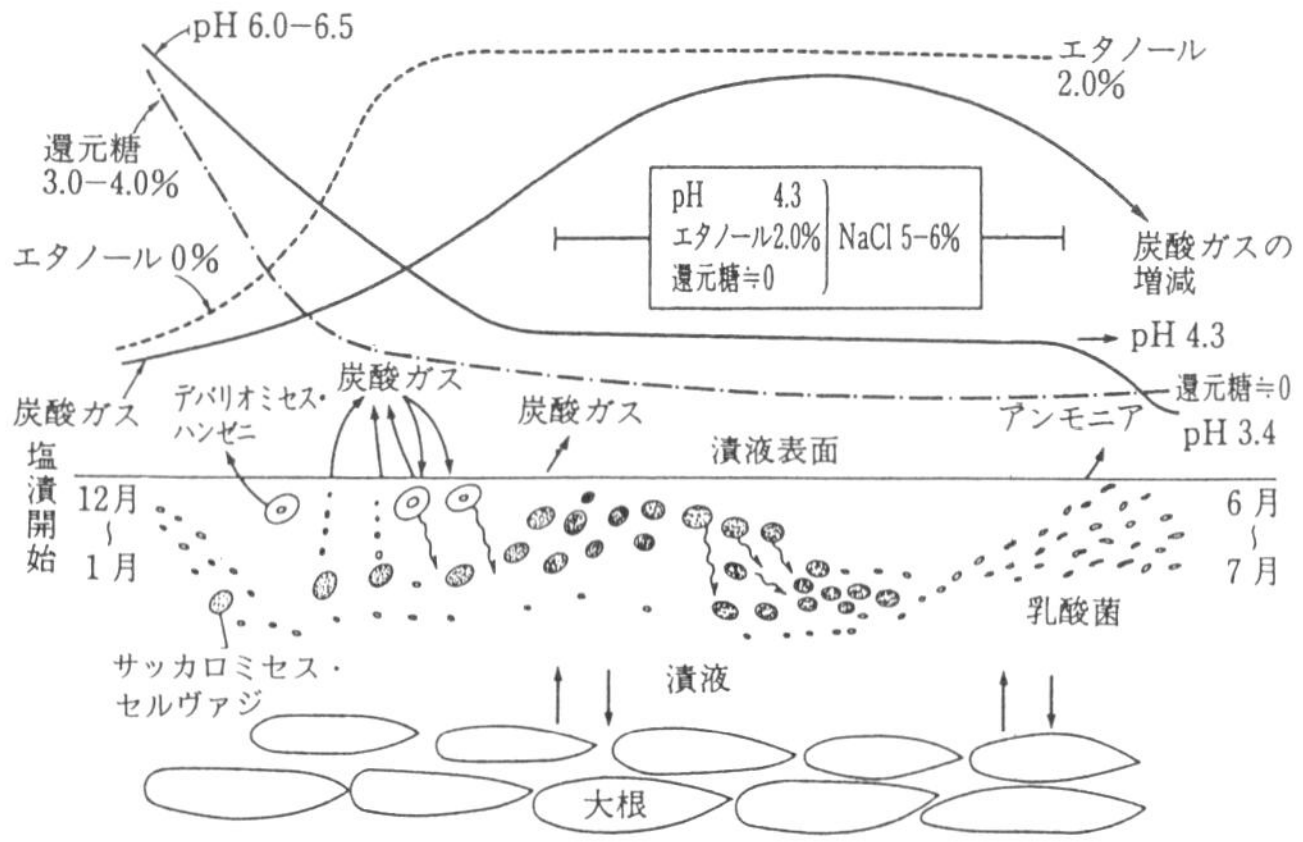

図5　タクアン貯蔵中の化学成分の変化と微生物の消長の模式図（加藤司郎氏、1994年「漬け物の低温利用（根菜類について）」『日本食品低温保蔵学会誌』Vol. 21, No. 1 より改変）

（*Lactobacillus brevis*）やラクトバチルス・プランタルム（*Lactobacillus plantarum*）などの有害乳酸菌の過剰増殖を招き酸敗した。

　これに対し窒素ガス充填法では、サッカロミセス・セルヴァジが二月ごろから菌数が増加しはじめて優勢種となり、六月に他の有害酵母に置き換えられるまで優勢種として維持される（図4）。この結果、pHは四・三、エタノール濃度二%の状態が維持され産膜酵母や有害乳酸菌の生育が抑制される（図5）。

　これら一連の研究に目鼻がついたころ、駒形先生をお誘いし、加藤氏に県内大手のタクアン漬け工場に案内していただいた。伝統的な発酵食品の技術革新のモデルとなるので、当時、国際協力事業団のバイオテクノロジー研修プロジェクトに参加し、研究室に滞在していた、タイとインドネシアの研修生も連れていった。

合成着色料を使ったタクアンを見慣れた眼には、窒素充塡法により貯蔵したタクアンの黄色はこよなく美しく見えた（図7）。さらに味も優れており、在来法と比較した優劣は明確であった。また、漬け液の表面が産膜酵母で覆われ、デバリオミセスの他にピキア属や赤色酵母などの雑菌が繁殖している従来法（図1）とは異なり、窒素充塡法による漬け物工場は清潔であった（図6）。

サッカロミセス・セルヴァジの分類と同定

サッカロミセス・セルヴァジは伝統的な酵母の分類法である形態および生理・生化学的性状に基づき同定したが、この手法で同一種となる種はしばしば複数の種よりなることが近年の化学分類学的研究から明らかになっている。窒素ガス充塡法によるタクアン製造法において、この酵母種の果たす役割が重要であることが明らかになるにつれ、同定が本当に正しいかどうか心配になった。また、製造工程の管理のことを考えると簡便・迅速な同定法

図6　窒素ガス充塡法によるタクアン漬けの製造（加藤司郎氏提供）

が必要になることも考えられた。そこで、DNA相同性と血清学的性状を検討した。DNA相同性実験では、分離したサッカロミセス・セルヴァジとこの種の基準株(フィンランドで分離された株)はやや低い相同値を示し、あるいはこの種の変種とした方が正しいのではないかと思われた。しかし、表現性状では区別できないので、変種として区別することは避けた。この点については今後の検討が必要と思われる。

血清学的方法については、取りあえず、臨床検査用に市販されている因子血清によるスライド凝集反応を調べたところ、サッカロミセス・セルヴァジは日和見感染酵母として知られるキャンディダ・グラブラータ(*Candida glabrata*)の特異抗原である抗原三四を有することが明らかになった。そこで、サッカロミセス属についてこの抗原の有無を調べたところ、広義のサッカロミセスの中でDNAのGC含量の低い、サッカロミセス・ダイレンシス、サッカロミセス・エクシグウスおよびサッカロミセス・ユニスポルスにもこの抗原が見出された。さらにサッカロミセス・テルリス(不完全時代はキャンディダ・ピントロペシ *Candida pintolopesii*)にもこの抗原があることが判明した。

サッカロミセス・テルリス(*Saccharomyces telluris*)は動物寄生酵母として特異なものであり、現在はアルキシオジマ・テルリス(*Arxiozyma telluris*)として扱われている。スライド凝集反応は細胞表層の化学構造の類似性を示しており、この性状は系統学的な類縁関係を反映していると考えられている。これらの種が抗原三四を持つことは、系統学的に近縁関係にあることを示すものであり興味深い。ともあれ、タクアン製造中に出現するサッカロミセス・セルヴァジは因子血清三四を用いれば容易に同定できることがわかった。

　すでに述べたように、サッカロミセス・セルヴァジはフィンランドの土壌より分離されて以来、一度も分離されていない酵母である。希少酵母と考えられていたこの種がタクアン製造工程の優勢種として常に検出されることとは驚くべきことであり、酵母の分離法のむずかしさを痛感する。漬け物に関与する酵母のうち、デバリオミセス・ハンゼニは土壌をはじめ、自然界のいたるところに棲息している酵母であり、食塩濃度の高い発酵食品や海産物（特に干物類）からは必ず分離できる。

　加藤氏の研究により、サッカロミセス・セルヴァジは土壌中の常在酵母であることが判明したが、普通の酵母分離法では分離するのは困難である。フィンランドでの分離株にしても、トルラスポーラ属（*Torulaspora*）や非定型的なサッカロミセスを専門とするカプリオッティ博士にしてやっと二株が分離できたのであり、この種がこのように簡単に分離できるものとは、博士は夢にも思わなかったにちがいない。地球上に生息する微生物種のうち、人類が知り得たものは一〇％とも五％ともいい、研究者に

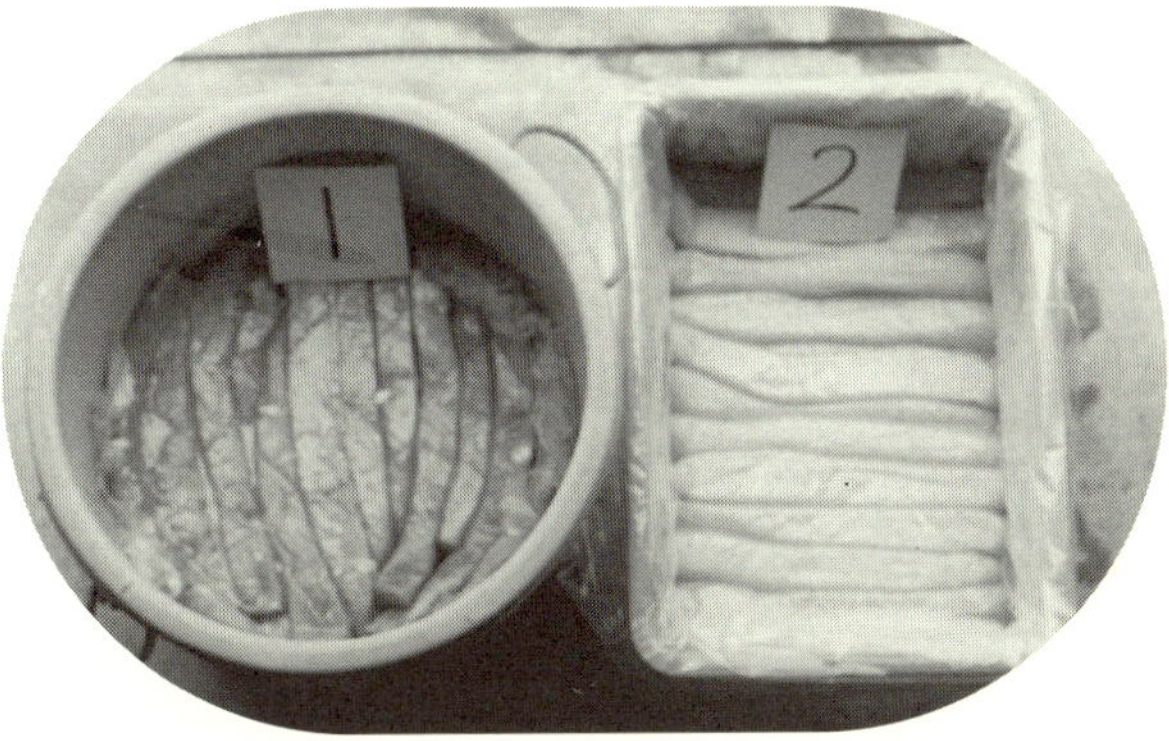

図7　1は従来法、2は窒素ガス充塡法のタクアン（加藤司郎氏提供）

よっては一％以下ともいう。この中には現在の手法では培養できないものも多いのであろうが、簡単に培養できるものでも、他の微生物種との関連で分離培養できないものも多いと推定される。分離とは最高におもしろく、かつむずかしいものである。

アルコール発酵性のある漬け物酵母については、加藤氏の研究以前にも報告がある。一九六一年に小崎道雄博士は本漬けタクアンの漬け込み初期においてはトルロプシス・ホルミ（*Torulopsis holmii*）のようなアルコール発酵性酵母も見られ、早漬けタクアンではサッカロミセスが見出されると報告している。トルロプシス・ホルミはサッカロミセス・エクシグウスの不完全型であり、サッカロミセス・セルヴァジと容易には区別できない種であるので、この酵母はサッカロミセス・セルヴァジであった可能性が高い。小崎博士はカプリオッティ博士より以前にこの種を発見されていることになり、詳細な研究をされなかったのが惜しまれる。

一九九二年にアメリカのアトランタ市で第八回国際酵母シンポジウムが開催された際に、イタリア、ペルージア大学のマルチーニ博士にお会いした。「小鹿のような美女」として酵母研究者のアイドルである博士はサッカロミセス属酵母の分類の権威であり、酵母分類学の標準書ともいうべき『The Yeasts, a Taxonomic Study（酵母の分類学的研究）』第四版でこの属の分類を担当することになっている。「酵母の種の性質を記述するのに、一〇株以上の菌株を使いたいと思っているが、サッカロミセス・セルヴァジの場合には二株しかなく、しかも由来不明の株は土壌由来の株と同じと推定されるので、実質的には一株しかない」との話をされたので、タクアンの酵母の話をし、この種は土壌中の常在菌であるらしいと話したところ、たいへん興味を持たれ、菌株を分譲してほしいとのことであった。帰国後、早速お送りした。この権威ある分類書に加藤氏の分離株が貢献したことになる。なお、一九九六年に出版された、オランダの中央菌類培養センター（CBS）の菌株リストに、この種のドイツで分類された菌株が収録されている。サッカロミセス・セルヴァジは世界各地に広く分布しているのではないかと推定される。

聞くところによるとタクアンの生産額は減り続け、現在では加藤氏が理研を訪問された当時の半分程度になっているとのことである。しかも、時間をかけて発酵したものではなく、単に押して脱水したものを調味液につけたものが多くなっているという。このような「惣菜的な漬け物」もあってもいいのかもしれないが、漬け物は本質的に発酵食品である。微生物の作り出す微妙な味はなにものにもかえがたい。日本人は甘味、塩辛味、辛味、苦味の他に、「旨味」という微妙な味の要素を認識した民族である。惣菜化した漬け物には微妙な味が失われることは間違いない。食品

図8　窒素ガス充塡法の実験装置と加藤氏

はその民族の固有の文化である。国際化が叫ばれる当今こそ、この文化を大切にし、この味わい深い発酵食品を大切にしたいものである。

加藤氏は書く、「市販の漬け物の多くが調味漬けとなり、ほとんどの漬け物工場では微生物の働きを押さえるために四苦八苦している。そのため、微生物を悪者あつかいにしている感さえある。ある漬け物研究の権威者が、『漬け物には発酵は必要ない』というのも一面では正しいかもしれない。しかし、家庭で作った適度に発酵した白菜漬けの味は忘れられない。あれは微生物が作り出す味である。ビール、酒、醬油、味噌と同様に本来、漬け物も発酵食品であるはずだ。確かに、食塩の使用量が以前の半分以下となった現在、微生物の制御はむずかしいかもしれない。しかし、惣菜化した漬け物ばかりになってしまっては、長い間に培われた発酵食品としての漬け物文化を失うことになる」。まったく同感である。

人類は単独では生存できない。多くの生物とともに共存することにより人類の生存が可能になる。その意味から、最近の清潔症候群（サニタリ・シンドローム）ともいえる風潮は心配である。人は微生物を食べることも必要なのである。もし、人が微生物から隔離されて生存することが可能であれば、話は別である。無菌マウスを無菌の環境で飼育すれば、通常のマウスより長生きできることが知られている。同時に通常の環境に移せば、微生物の感染により速やかに死滅することも知られている。無菌人間が無菌環境で生活できれば、長寿を保つであろう。しかし、地球上の物質循環の一翼を担う微生物が存在しない環境が仮にありえたとしても、そのような地球には人類が生存できる環境は存在しないことは確かである。過度の清潔症候群は人類を破滅に導く。微生物と仲良く付き合い、微生物の作る微妙な味わいを持つ発酵食品を維持し、楽しむことが大切であろう。

この研究を通じて知り合った加藤氏は山歩きの趣味も発酵食品に関する考え方も同じであり、誠に得難い友であるが、より微妙な味わいを持つ発酵食品である酒を嗜(たしな)まないのは玉に瑕(きず)の感がある。これを望むのは贅沢かも知れないが。

付記

その後、サッカロミセス・セルヴァジはハンガリーのピクルス製造工程で普遍的に見出されることが報告された。この酵母は洋の東西を問わず、漬物類の製造工程で重要な役割を担っているようである。なお、近年の分子生物学の急速な進歩にともない、各種遺伝子の塩基配列の解析が酵母の分類学の重要な手法になった。その結果、酵母の分類体系の修正が行なわれ、現在ではサッカロミセス・セルヴァジは、サッカロミセス・エクシグウス、サッカロミセス・ユニスポルス、アルキシオジマ・テルリスなどとともに、サッカロミセス属から除かれ、カザフスタニア（*Kazachstania*）属に移されている。

また、加藤司郎氏はこの研究により学位（農学博士）を取得し、日本食品工業学会賞を授与された。

世界に先駆けるロドトルラ属酵母の研究

駒形和男

人類は微生物の存在を知る以前から、微生物の機能を酒類をはじめとする各種発酵食品の製造に用いてきた。さらに、微生物学の進歩にともない微生物による新しい生産物の検索が行なわれ、抗生物質をはじめ、各種アミノ酸、核酸調味料などが工業的に生産されている。酵母は微生物の中で、最も早くから人類に用いられてきたもので、そのアルコール発酵の機能は広く世界の酒の醸造に利用されてきた。酵母という呼び名は正確な分類学上の言葉ではなく、通常の生育状態が主として単細胞である菌類の総称である。したがって、その系統も子嚢菌のものもあれば、それ以外の菌類に由来するものもある。

典型的な酵母であるサッカロミセス・セレヴィシアエ（*Saccharomyces cerevisiae*）は子嚢胞子をつくる子嚢菌由来の酵母であるが、ロドトルラ属（*Rhodotorula*）は少し毛色の変わった酵母である。ロドトルラ属の特徴は、胞子を形成せず、赤色ないしオレンジ色のコロニーを形成し、糖の発酵性がないことである。自然界から糖を加えた培地で酵母の分離を試みると、必ずといってもよいほど頻繁に分離される。しかし、現在までこれといった応用があるわけではない。いわば「雑酵母」である。

しかし、この酵母は研究の歴史から、また近代微生物分類学の対象として、われわれが研究する価値があるものと考えている。その理由は次のとおりである。

（1）この酵母は、歴史的にわが国の研究者により研究されてきたので、われわれがこの研究を受け継ぎ、次の世代に伝えねばならない。

（2）近代微生物分類学の手法を取り入れることにより、この酵母の生活環が明らかになり、将来他の菌類の生活環の研究に役立つことが考えられる。

（3）微生物分類学が、単なる種の配列・整理だけでなく、「物質のレベル」で菌類の有性時代が推定できるようになる。

ロドトルラ属の研究の流れ

赤色酵母の存在は古くから知られており、一八五二年にフェルセニウスがクリプトコッカス・グルティニス（*Cryptococcus glutinis*）と記載したのが最初である。その後、しばらくの間この一群の酵母の分類学的研究はなされていない。これは、微生物学が応用、広くいえば醸造と医療を基礎として発展してきたため、赤色酵母のような酵母が研究者の興味を引かなかったと思われる。

一九一五年から一九一七年にわたり当時の満州（現在の中国の東北）の南満州鉄道株式会社（満鉄

は略称。一九〇六年設立、第二次大戦の終結で消滅）中央研究所の斎藤賢道先生は、大連の空気中の酵母の分布を研究した。そして、天候、気温、気圧、風速、湿度、雨量などの気象条件を調べ、月ごと、季節ごとの酵母の分布変化を観察した。その結果、無胞子酵母が多いことを認めた。当時無胞子酵母はトルラ属（*Torula*）といわれていたので、先生は、これらの無胞子酵母をコロニーの色、糖の利用性、ゼラチンの液化などの性状で三群に分け、中でも赤ないしオレンジの色素を生成する酵母を六種の新種を含む八種一変種に分類した。これが系統だった赤色酵母の分類学的研究の最初であろう。この研究は一九二二年に報告された。

一九二八年、ハリソンはトルラ属酵母の研究を行ない、斎藤先生の第三グループに相当するものにロドトルラという属名を与え、これが現在まで用いられている。

一九三一年、東京帝国大学理学部の奥貫一男先生は斎藤先生と同じように赤色酵母に興味を抱き、この酵母の生育と温度、pHなどとの関係を研究した。この分離株の中に後年ロドトルラ属の有性時代の研究に大きな役割を果たしたトルラ・コイシカワエンシス（*Torula koishikawaensis*）や特異的な酵母として分類学的に注目されたトルラ・インフィルモミニアタ（*Torula infirmo-miniata*）がある。

一九三四年、オランダのロダーは無胞子酵母の分類に関するモノグラフを、一九五二年には、クレーガー＝ファン・リーとともに有名な『The Yeasts, A Taxonomic Study』を出版した。この『The Yeasts』にはロドトルラ属の七種、一変種が記載されているが、そのうち三種、一変種は斎藤先生の研究に由来するものである。

第二次大戦後、わが国では国内に保存してある微生物株の性状を確かめ、その分類と分類方法の研究を行なうことを目的として、昭和二九年（一九五四年）当時の東京大学応用微生物研究所の坂口謹一郎教授を委員長とする大規模の総合研究が組織された。その課題名は「国内保存微生物株の分類及び整備に関する研究」である。この総合研究は昭和三一年（一九五六年）まで継続し、わが国の微生物の分類学的研究に大きな影響を与えたので、少し詳しく述べる。その総合研究概要には、

「目的」国内の各研究室および教育機関に保存されている微生物株を中心として、その分類および分類方法の研究を行なうこと。「方法」現在国内に保存されている微生物株は日本微生物株総目録（一九五三年文部省刊行）によれば総数二二三〇〇余におよび、かつその内容も分類学上極めて広範囲にわたっている。また、殊に注意を要するのは本邦で発見された新菌株が比較的多いことである。従って、これらを主な対象として本総合研究はそれぞれの各部門の分類の専門家の分担研究によって実施した。すなわち本研究代表者五〇名は（1）日本微生物株総目録所載の分担菌株およびその類縁菌株を集めて分類学的研究を行い、（2）（1）の研究結果に基づき日本微生物株保存総目録の再検討を行う、という方法をとった。

と述べられている。そして、この総合研究は四二の微生物群を対象としている。続いて、昭和三三年（一九五八年）課題名が「有用微生物の分類学的研究（研究代表者東京大学坂口謹一郎名誉教授）」と

なり、この総合研究が昭和三四年まで続いた。その後、昭和三六年（一九六一年）「微生物の分類基準設定に関する研究（研究代表者東京大学朝井勇宣教授）」が昭和三七年（一九六二年）まで継続した。この一連の総合研究は、七年間の長期にわたるもので、その研究成果は種々の学術雑誌に報告されるとともに、収集・同定された菌株は国内のカルチャーコレクションに寄託され、現在も研究に、産業に用いられている。

ロドトルラ属の有性時代ロドスポリディウム属の発見

前述の国内保存微生物株の分類学的研究の成果の一つに（財）発酵研究所の長谷川武治先生および坂野勲博士のロドトルラ属の研究とその有性時代ロドスポリディウム属（*Rhodosporidium*）の発見がある。長谷川先生は前述の総合研究の中のロドトルラ属の整理を担当され、国内の菌株はもちろん海外からもロドトルラ属の菌株を集め、その分類学的検討を行なった。そして、ビタミンの要求性とこの属の種間、種内にどのような関係があるか研究し、ロドトルラ属はビタミンを要求しない種、パラアミノ安息香酸を要求する種、およびビオチンを要求する種の三群からなることを明らかにした。そして、糖と硝酸塩の資化性、ビタミン要求性、澱粉様物質の生成をキイーとする新しい分類のシステムを発表した。さらに、一九五六年この一連の研究の中で、同一菌株に由来するものであっても、原報の記載と著しく細胞形態が異なる菌株のあることを見出した。そして、ロドトルラ属の細胞形態の変化に、卵形（oval type）から円形（round type）の方向と、卵形から長卵形（long oval type）を経て伸長形（elongated type）の方向があると推定した。同時に、トルラ・コイシカワエンシスをコロニーの色調、細胞形態、糖および硝酸塩の資化性からロドトルラ・グルティニス（*Rhodotorula glutinis*）と同定した。

一方、長谷川先生の共同研究者であった坂野勲博士は、ロドトルラ属の有性時代を発見し、これが黒穂菌（*Ustilago*）の仲間である担子菌であることを世界ではじめて明らかにした。少し長くなるが、坂野博士の文献からその詳細を紹介したい。

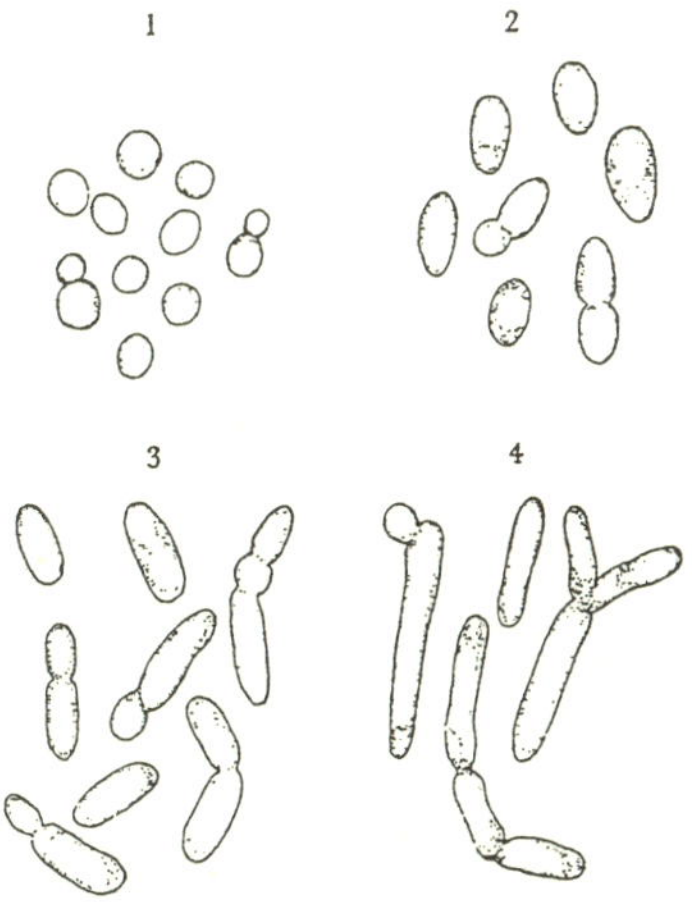

1．円形（短卵形）
(2.5—5)×(4.5—7) μm
2．卵形（短卵形）
(3.5—5.5)×(5—9—10) μm
3．長卵形
(2—4)×(6—11—12) μm
4．伸長形
(3—5)×(7.5—16—18) μm

図1　酵母の細胞形態の変化（長谷川，1956）

一九六七年、博士はロドトルラ属に有性時代がないだろうかと考えて、X線照射による死滅曲線からロドトルラ属の細胞が一倍体であることを明らかにした。ついで、ロドトルラ・グルティィニスのIFO 0559（＝ロドトルラ・グラキリス *Rhodotorula gracilis*）とIFO 0880（＝トルラ・コイシカワエンシス）の二菌株を選び、X線を用いて栄養変異株および色素の変異株の取得を試みた。たとえば、メチオニン–パントテン酸要求変異株、黄色–パラアミノ安息香酸要求変異株などである。これらの菌株は栄養要求変異株（auxotroph）であるから最少培地には生育しないが、もし接合が起こり、互いに要求性を補った菌株が得られれば最少培地に生育するはずである。そして、いろいろの組み合わせを検討したところ、ある組み合わせで菌糸を形成し、菌糸に隔壁があり、担子菌特有のかすがい連結（clamp connection）が見られた。二つの変異株を混合し、経時的に顕微鏡観察を行なったところ、二つの細胞がそれぞれ接合管と思われる管を出し、接合することを見出した。さらに、接合した菌糸を最少培地で培養すると、焦げ茶色のコロニーとなり、色の濃い部分の菌糸の先端に、基部にかすがい連結をともなった大きい袋状の厚膜胞子が観察された。この厚膜胞子をとって培養すると、胞子が発芽して棍棒状の細胞をつくり、その先端および側面に最も多い場合四個の酵母細胞を出芽することを認めた。厚膜胞子の発芽は担子菌の黒穂菌の厚膜胞子（smut spore, teliospore 担子器の一種）が発芽し、前菌糸体（promycelium）をつくり、その上に担子胞子であるスポリディウム（sporidium）を出芽する様式と同じであった。このことから、無性時代（anamorph）のロドトルラ・グルティィニスの有性時代（teleomorph）は担子菌であることが明らかになった。そして、この生活環

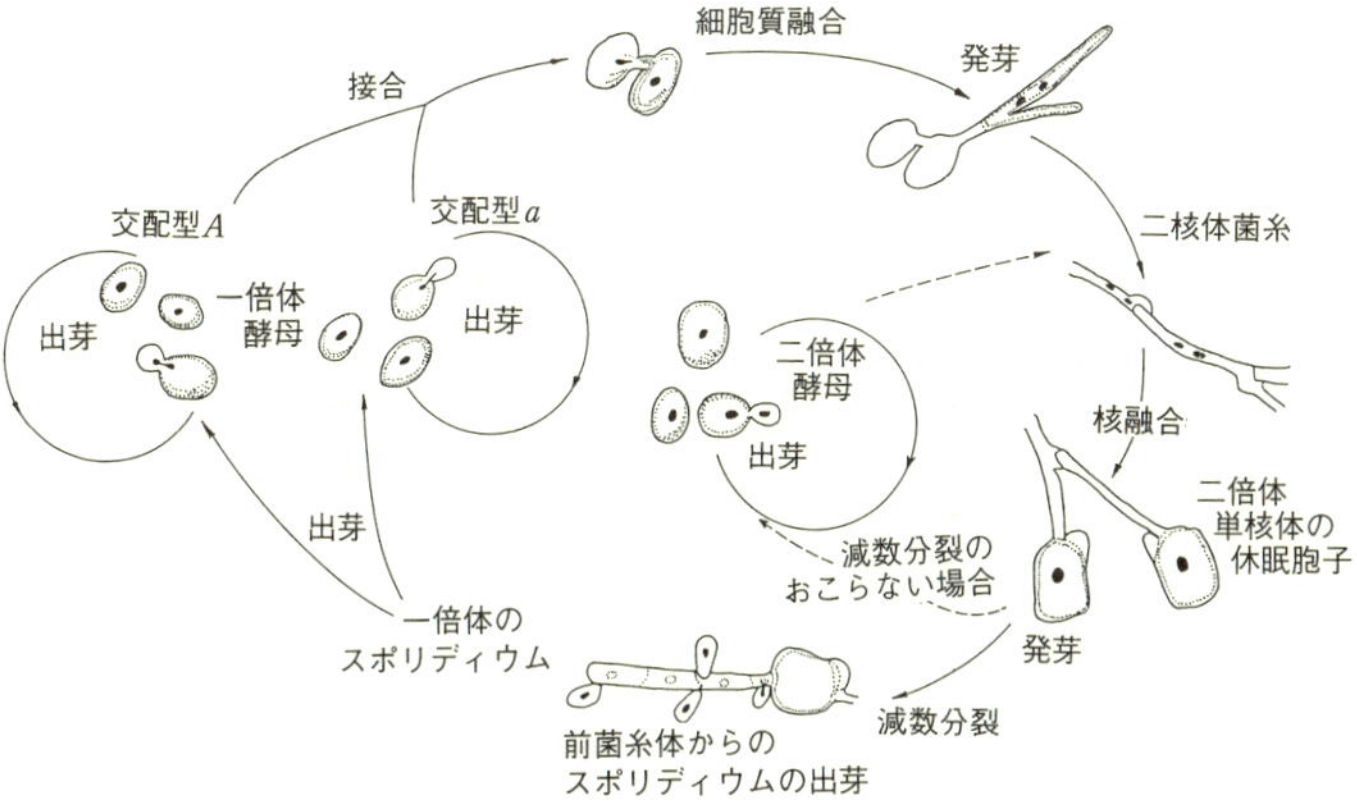

図 2　*Rhodosporidium toruloides* の生活環（I. Banno, 1967）

は Ustilaginaceae の既知の属と異なるので、新属ロドスポリディウム（*Rhodosporidium*）を設け、有性時代の明らかになった種をロドスポリディウム・トルロイデス（*Rhodosporidium toruloides*）と命名した。なお、IFO 0559 を交配型Aとし、IFO 0880 を交配型aとした。

そこで、酵母の中にキノコと親戚の酵母があるというわけである。このような酵母を担子菌系酵母という。この研究を契機にロドトルラ属のいくつかの種の有性時代が発見され、また、ロドトルラ属以外の担子菌系酵母の分類学的研究が活発に行なわれるようになった。現在では、ロドスポリディウム・トルロイデスは 18S rRNA の塩基配列の研究からUrediniomycetes に属すると考えられている。酵母の中には有性時代の明らかでない種も多いので、有性時代の発見は酵母の研究者にとって興味ある研究課題の一つである。また、奥貫先生が分離したトルラ・コイシカワエンシスはロドスポリディウム・

トルロイデスであることが明らかになった。坂野博士は、この研究の最初にロドトルラ・グルティニスの IFO 0559 と IFO 0880 をなぜ選んだのかわからないと述べているが、これが研究のおもしろいところであり、研究にも運があるといえよう。

ロドトルラ属と類縁酵母の化学分類

生物の化学分類は植物の精油や色素の構造から植物の相互関係を研究する手段として発展し、微生物の分野では古くはイギリスのレイストリックによる糸状菌の色素の研究が挙げられよう。しかし、最近の生化学、分子生物学、微生物遺伝学の発展は生物の遺伝を司る物質的基礎はDNA（デオキシリボ核酸）にあることを明らかにした。さらに、DNA、RNA、タンパク質のような情報高分子に含まれる情報、あるいは生命の維持に必須の化合物の情報から微生物の分類、同定、系統の研究をする分野が勃興(ぼっこう)し、これを微生物の化学分類学（chemosystematics）という。われわれは、冒頭に述べたような理由から、ロドトルラ属を化学分類学の立場から研究することとした。次に、酵母の化学分類で用いられているおもな性状を簡単に述べる。

1　酵母のDNAの塩基組成

微生物の類縁を知るうえで、DNAの塩基配列を調べるのが一番よい方法であるが、多数の菌株について調べることは容易ではない。しかし、DNAの塩基組成、すなわち、DNAのアデニン（A）、チミン（T）、グアニン（G）、シトシン（C）の総量に対するグアニンとシトシンの量の百分率（G＋C／A＋T＋G＋C×100）（GC含量）がDNAの構造をある程度反映していると考え、分類上の指標として用いられている。

　酵母の核DNAの塩基組成は約二八％から七九％におよんでいるが、経験的によくまとまっている属はその幅が約一〇％であり、その幅が一〇％以上の属は分類学的に不均一と考えられている。赤色酵母のロドトルラ属のDNAの塩基組成は約四四－六七％の間に、醸造酵母としてよく知られているサッカロミセス属は約三三－四八％の間に分布し、ロドトルラ属のGC含量はいわゆる子嚢菌系酵母より高い。また、ロドスポリディウム属の値も高く五七－六七％である。また、子嚢菌系酵母の無胞子型と考えられる種のDNAの塩基組成の幅は子嚢菌系酵母のDNAの塩基組成の幅と

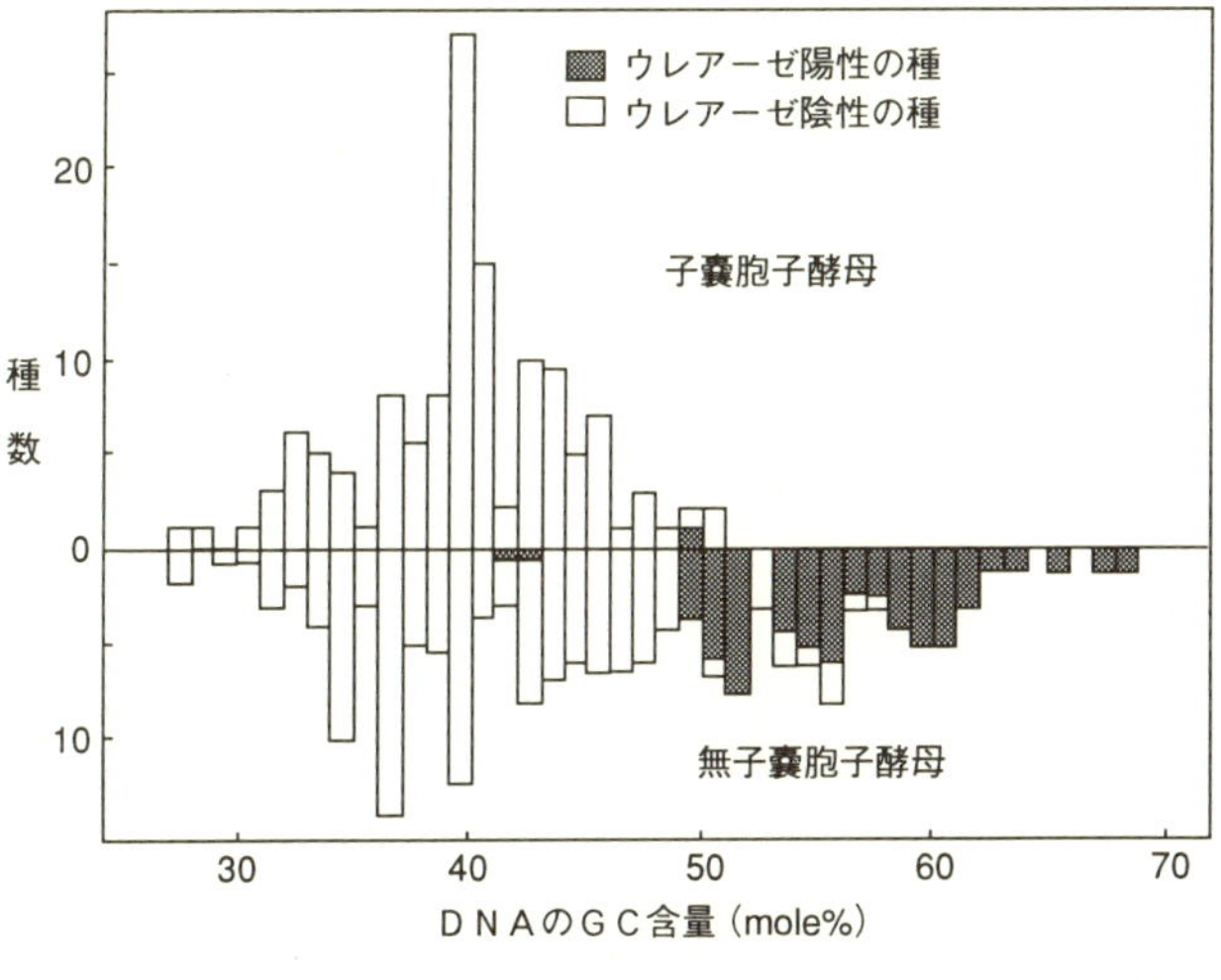

図3　酵母の塩基組成（T. Nakase & K. Komagata, 1968-71 より作成）

ほぼ同じである。興味あることに、担子菌系酵母と推定される酵母の多くがウレアーゼ、DNase、DBB反応が陽性である。この関係を図3に示した。なお、この図は、歴史的背景を理解するために、この研究を開始したころのデータに基づいて作図したもので、現在では担子菌系酵母のDNAの塩基組成の幅は少し広がっている。

2　酵母の呼吸鎖キノン系

微生物の呼吸に関係するキノン化合物にユビキノンとメナキノンがある。微生物の分類とキノンとの関係は、キノン種類、イソプレノイド側鎖の長さと飽和度などに見られる。酵母のキノン分子種と分類学的関係は静岡大学の山田雄三先生が広範な研究をしている。山田先生および他の研究者のデータを総合すると、酵母のキノンはベンゾキノン系のユビキノンであり、Q-5（キノンのイソプレノイド側鎖が5であることを示す）、Q-6、Q-7、Q-8、Q-9、Q-10、Q-10（H2）（キノンのイソプレノイド側鎖の二重結合の一ヶ所が飽和していることを示す）が知られている。ロドトルラ属、ロドスポリディウム属に属する酵母には Q-8、Q-9、Q-10 が知られている。

3　酵素の電気泳動パターン

酵素はタンパク質であるから、澱粉やアクリルアミドのような担体を用いて電気泳動を行なえば、その性状に基づいて移動する。そして、酵素はそれぞれの特性により染色することができ、この移動度は酵素の特性を示し、間接的にDNAの情報の反映と考えることができる。したがって、多数のロドトルラ属とロドスポリディウム属の菌株について酵素のパターンを比較し、両者の関連を知ることができる。そこで、ロドトルラ属とロドスポリディウム属について、糖代謝に関係する酵素を選び、酵素の電気泳動パターンの比較を行なった。この比較は一種のパターンの比較であるが、さらに、各菌株の酵素の相対移動度（relative mobility, *Rm*）を数値分類学的に比較し、そのデンドログラムから類縁を推定した。

4　DNA類縁性

DNAは適当な塩類を含む溶液の中で加熱すると、二重鎖DNAは二本の一本鎖に分かれる。これを緩やかに冷やすと塩基配列に相補性のあるDNAはふたたびもとの二重鎖のDNAに戻る。この性質を用いて微生物どうしの類縁度を知ることができる。細菌学では、細菌の種は七〇％以上の類縁度をもつ菌株の集合と考えようということが提案されている。具体的には、放射性同位元素で標識した参考株のDNAを超音波処理で小さな断片とする。これと、試験菌のDNAを混ぜ、緩やかに冷却すると、相補性のある部分で二本鎖を形成する。この結合の程度は二本鎖部分の放射能を測定することにより求められる。最近では、フォトビオチン（photo-biotin）による標識が用いられている。

5　細胞壁の糖組成

酵母の細胞壁は多糖よりなっており、ブドウ糖、マンノース、ガラクトースなどがおもなものであるが、ある種の担子菌系酵母の細胞壁にはキシロースが含まれている。一方、子嚢菌系酵母にはキシロースが含まれていないので、微量であってもこの糖の存在は担子菌系酵母であることを推定させる。

6　リボソームRNAの塩基配列

DNA、RNA、タンパク質の塩基配列やアミノ酸の一次配列を比較し、生物の系統や分岐を研究する分野を分子系統学（molecular systematics）または分子分類学（molecular taxonomy）という。タンパク質や核酸の置換速度が分子時計として働くことから、生物の分岐年代が推定できるようになった。酵母では18S rRNAや26S rRNAのシークエンスが用いられ、ポリメラーゼ連鎖反応（polymerase chain reaction, PCR）の開発がこの分野の研究の発展を促した。

化学分類学的データと接合試験により有性時代が明らかになったロドトルラ属の種

化学分類学的データは菌株固有の性状であるので、いくつかの化学分類学的データを比較し、類似度がきわめて高い菌株を選び、接合試験により有性時代を確認することができる。まだこのような方法により有性時代が見出された例は少ないが、従来、「偶然の幸運」に恵まれた者だけが酵母の有性時代を発見したのに比べれば、この方法は、手間のかかる仕事ではあるが、かなり論理的である。次に、われわれの一九六二年ころから三〇年間にわたる研究を中心に、その代表的な研究例を述べる。

1　ロドトルラ・グルティニス・ルフサ-ロドスポリディウム・トルロイデス

一九七一年われわれは、ロドトルラ属に属する菌株が、DNAの塩基組成により四群に分かれることを認めた。すなわち、GC含量が六六・八-六八・五％のグループ1、六〇-六一・二％のグループ2、五五・四-五八・八％のグループ3、および五〇・〇-五一・〇％のグループ4である（Nakase

表1 ***Rhodotorula* のグルーピング**

（T. Nakase & K. Komagata 1971）

グループ	種	菌株数	ＧＣ含量 mole %	要求性 PABA*	要求性 biotin	澱粉生成
1	*R. infirmominiata*	2	67.8 - 68.5	−	+	+
	R. glutinis	5	66.8 - 67.8	−	−	−
2	*R. glutinis*	5	60.2 - 61.2	−	−	−
	R. glutinis var. *dairenensis*	1	61.2	−	−	−
	R. glutinis var. *rufusa*	1	60.0	−	−	−
	R. rubra	10	60.0 - 61.2	−	−	−
	R. pilimanae	1	60.7	−	−	−
3	*R. crocea*	1	58.8	−	−	−
	R. glutinis var. *aurantiaca*	1	55.4	−	−	−
	R. lactosa	2	57.3 - 57.6	+	−	−
4	*R. lactosa***	1	50.0	+	−	−
	R. pallida	1	51.0	+	−	−
	R. marina	1	51.0	+	−	−
	R. minuta	1	51.0	+	−	−
	R. zsoltii	1	51.0	+	−	−
	R. slooffii	1	50.7	+	−	−
	R. texensis	3	50.2 - 50.7	+	−	−

* *p*-aminobenzoic acid

** IFO 1058

表 2　化学分類学的データと接合試験により有性世代が明らかになった *Rhodotorula*

無性世代の種および変種	菌株	有性世代の種	接合型	接合	基礎となった性状
Rhodotorula glutinis var. *rufusa*	RJ 5 →	*Rhodosporidium toruloides*	a	+	Q, GC
Rhodotorula glutinis var. *rufusa*	YK 117 →	*Rhodosporidium toruloides*	a	+	E
Rhodotorula glutinis var. *salinaria*	YK 118 →	*Rhodosporidium sphaerocarpum*	a	+	E
Rhodotorula glutinis var. *glutinis*	YK 104 →	*Rhodosporidium diobovatum*	α	+	E
Rhodotorula glutinis	YK 108 →	*Rhodosporidium diobovatum*	α	+	E, GC
Rhodotorula glutinis	YK 218 →	*Rhodosporidium kratochvilovae*	self-sporulating		E, Num, GC, Q
Rhodotorula sinensis	YK 165 →	*Cystofilobasidium infirmominiatum*			E, Num, Q, DNA, C
Rhodotorula lactosa	IFO 1058 →	*Erythrobasidium hasegawianum*	self-sporulating		GC, Q, E, L

記号：GC＝核DNAにおけるGC含量；Q＝キノン系；E＝酵素の電気泳動の比較；Num＝酵素パターンの数値比較；DNA＝DNAの類似性；C＝細胞壁の組成；L＝生活環

& Komagata のグルーピング）。そして、われわれが興味をもったのはロドトルラ・グルティィニスに含まれる菌株が、グループ1、2、3の三つのグループに分布していたことである。このことは、同じ種に同定されていた菌株がDNAのレベルで異なる集団に属していることを意味し、微生物を分子のレベルでみようという化学分類学の考えと表現形質によるロドトルラ属の種の同定が矛盾することになる。一九七三年、静岡大学の山田先生は *Rhodotorula glutinis* var. *rufusa*（ロドトルラ・グルティィニスの変種 *rufusa* であることを意味する）に属する菌株とロドスポリディウム・トルロイデスに属する菌株がDNAの塩基組成とキノン系が類似していることに注目し、*Rhodotorula glutinis* var. *rufusa* RJ5 とロドスポリディウム・トルロイデスの交配型と交配を試みた。その結果、この菌株はロドスポリディウム・トルロイデスの交配型Aと交配し、テリオスポアーを形成したことから、*Rhodotorula glutinis* var. *rufusa* RJ5 はロドスポリディウム・トルロイデスの交配型aであることが明らかになった。これは、化学分類学性状から有性時代を推定し、交配により有性時代を確認した世界ではじめての例である。

その後、一九八一年われわれは、ロドトルラ属とロドスポリディウム属に属する一〇八株について酵素の電気泳動パターンを比較した。用いた酵素は、主として糖代謝にかかわる fructose-1, 6-bisphosphate aldolase、6-phosphogluconate dehydrogenase、malate dehydrogenase、hexokinase、phosphoglucomutase、glucose-6-phosphate dehydrogenase および glutamate dehydrogenase である。その結果、ロドスポリディウム属の種のそれぞれの接合型は同一の酵素パターンを示し、異なる種は互いに異なるパターンを示した。そこでロドトルラ属の菌株にロドスポリディウム属と同じパターンがないかと探したところ、*Rhodotorula glutinis* var. *rufusa* YK117がロドスポリディウム・トルロイデスと同じパターンを示したので、接合試験を行なったところ、接合型aであることを確認した。さらにロドスポリディウム属に属する石油資化性酵母についても同様な実験を行なったところ供試した四株が四株ともロドスポリディウム・トルロイデスの接合型aであった。以上のことからNakase & Komagataのグルーピングによるグループ2のロドトルラ・グルティニスはロドスポリディウム・トルロイデスの無性時代と考えられる。

2 ロドトルラ・グルティニス・サリナリア-ロドスポリディウム・スファエロカルプム

Rhodotorula glutinis var. *salinaria* は大阪市立大学の高田英夫先生が塩田より分離した好塩性の酵母である。この酵母はロドスポリディウム・スファエロカルプム（*Rhodosporidium sphaerocarpum*）と同じ酵素の電気泳動パターンを示したことから、接合試験を行なったところ、この種の接合型aであった。ロドスポリディウム・スファエロカルプムはGC含量が約六五%、キノンがQ-10であるが、同じキノンを有するロドスポリディウム・ディオボヴァッム（*Rhodosporidium diobovatum*）とは酵素の電気泳動パターンが異なっている。

3 ロドトルラ・グルティニス・グルティニス-ロドスポリディウム・ディオボヴァツム

アメリカのフェルは、色素をつくらない担子菌系酵母を研究し、坂野博士に続いてロイコスポリディウム（*Leucosporidium*）という属を発表した。一九七〇年彼は、また、南フロリダの海水および汽水より赤色酵母を分離し、ロドスポリディウム・トルロイデスと異なるロドスポリディウム・ディオボヴァッムという種を報告した。われわれは、ロドスポリディウム・ディオボヴァッムの菌株のGC含量は約六七％であるから、Nakase & Komagata のグルーピングによるグループ1のGC含量はこれに相当し、グループ1の菌株はロドスポリディウム・ディオボヴァッムの無性時代ではないかと考えていた。山田雄三先生もキノンの点から同じように考えていた。しかし、当時研究した菌株の中には該当するものがなかった。その後、われわれは一九八一年、酵素の電気泳動パターンの比較から、*Rhodotorula glutinis* var. *glutinis* YK104 がロドスポリディウム・ディオボヴァッムと同じパターンを示すことから、接合試験を行なったところ、この菌株がロドスポリディウム・ディオボヴァッムの接合型αであることを認めた。さらに、一九八四年若干の酵素の泳動パターンが異なる *Rhodotorula glutinis* YK108 がGC含量とキノンが同じであることに注目して、接合試験を行なったところ、ロドスポリディウム・ディオボヴァッムの接合型αであることを認めた。したがって、当初われわれ、および山田先生が推定したように、Nakase & Komagata のグループ1のロドトルラ・グルティニスはロドスポリディウム・ディオボヴァッムの無性時代と考えられる。

化学分類学的データとセルフ-スポルレイションから独立したロドトルラ属の種

1　セルフ-スポルレイティングのロドスポリディウム・クラトキヴィロヴァエの創設

ロドスポリディウム・トルロイデスは接合型の異なる菌株は接合し、特有のテリオスポアーを形成する。しかし、この種に同定されていた菌株の中に、接合をともなわずに、テリオスポアーを形成するものがある。これを self-sporulating というが、適当な訳語がないので、ここではそのまま用いることとする。ロドトルラ属およびロドスポリディウム属の酵素の電気泳動パターンから、われわれは self-sporulating のロドスポリディウム・トルロイデスと同定されていた菌株が、接合型を有するロドスポリディウム・トルロイデスの菌株と異なることを見出した。

さらに、これらの菌株はGC含量が約六四・五%、キノンがQ-10であり、ロドスポリディウム・トルロイデスおよびその他のロドスポリディウム属の種とはDNAの類似度がきわめて低いので、新種と認め、一九八八年スロバキアの著名な酵母の分類学者、アンナ・ココヴァ-クラトキヴィロヴァ博士を記念してロドスポリディウム・クラトキヴィロヴァエ（*Rhodosporidium kratochvilovae*）と命名した。

2　ロドトルラ・ラクトザ-エリスロバシディウム・ハセガウィアヌム

長谷川武治先生が広い範囲のロドトルラ属についてその分類学的研究をしたことはすでに述べた。先生はその一連の研究の中で、一九五六年、乳糖を資化する三菌株をロドトルラ・ラクトザ（*Rhodotorula lactosa*）と命名した。一九七二年、われわれは、そのうちの IFO 1058 は他の二株とDNAの塩基組成が異なり、また一九七三年山田先生はユビキノンが Q-10（H2）であると報告した。一九七三年当時、このようなキノンをもつものはこの菌株のみであった。そこで、一九八三年、われわれはこの菌株をロドトルラ属の新種と認めて、ロドトルラ・ハセガワエ（*Rhodotorula hasegawae*）と命名した。その後、この酵母は酵素の電気泳動パターンからも既知のロドトルラ属の種と異なることが認められた。さらに、単一細胞から菌糸が成長し、その先端に担子器様の構造が見られ、かすかない連結も観察された。IFO 1058の担子器などの形態学的特徴はFilobasidiaceaeの菌に類似しており、一方、生理学的および化学分類学的性状はテリオスポアー形成酵母（ロドスポリディウム属など）の特徴を有するユニークな酵母であった。このことから、一九八八年われわれは、この酵母は接合型が認められないself-sporulatingであるがロドスポリディウム有性時代をもつものと考え、エリスロバシディウム・ハセガワエ（*Erythrobasidium hasegawae*）と命名した。後に、この種の種形容語は命名規約にしたがって*hasegawianum*と訂正された。さらに、18S rRNAの塩基配列から、エリスロバシディウム・ハセガウィアヌムはロドスポリディウム・トルロイデス、ロイコスポリディウム・スコッチ（*Leucosporidium scottii*）と系統的に近縁であることが示されている。

菌糸の接合は見られなかったが化学分類学的データにより有性時代が推定されたロドトルラ属の種

1　ロドトルラ・シネンシス−シストフィロバシディウム・インフィルモミニアツム

すでに述べたように、奥貫一男先生は一九三一年に空気中の酵母を分離し、新種としてトルラ・インフィルモミニアタを報告した。その後、一九三四年オランダのロダーはこれをロドトルラ・グルティニスに含めた。しかし、一九六四年長谷川武治先生はトルラ・インフィルモミニアタをロドトルラ属の独立した種と認め、ロドトルラ・インフィルモミニアタ（*Rhodotorula infirmo-miniata*）という新しい組み合わせを提案した。一九六八年アメリカのエイハーンらは、この種の菌株がビオチンの要求性、澱粉様物質の生成、イノシトールの資化性から、ロドトルラ属ともクリプトコッカス属（*Cryptococcus*）とも異なるのではないかと指摘した。一九七二年、われわれは、この種がDNAの塩基組成からロドトルラ属のグループ1に含まれるが、クリプトコックス属よりかなり高いDNAの塩基組成を示すことを報告した。さらに、ロドトルラ・インフィルモミニアタのキノン系はQ-8であり、Q-9またはQ-10をもつロドトルラ属の種とも異なっていた。その後、一九七三年にアメリカのフェルらはこの種の有性時代を見出し、これをロドスポリディウム・インフィルモミニアツム（*Rhodosporidium infirmo-miniatum*）と命名した（N・J・W・クレガー——ヴァン・リー編集の『The Yeasts, A Taxonomic Study, third revised and enlarged edition 1984』では *infirmominiatum* となっている）。一方、一九七四年ロドトルラ・シネンシス（*Rhodotorula sinensis*）という酵母が中国の罹病梨より分離された。一九八七年われわれは、この酵母が酵素の電気泳動度の数値分類的な解析、DNAの塩基組成、キノン系からロドスポリディウム・インフィルモミニアタと近い関係にあると考えていたが、この種の菌株はロドスポリディウム・インフィルモミニアタのいずれの交配型とも交配しなかった。しかし、ロドトルラ・シネンシスはロドスポリディウム・インフィルモミニアツムとのDNA類似度が七五-九九％と高く、この種がロドスポリディウム・インフィルモミニアツムであることを確認した。なお、一九八二年ドイツのオーバーウインクラーらはロドスポリディウム・カピテイタム（*Rhodosporidium capitatum*）、ロドスポリディウム・ビスポリディイス（*Rhodosporidium bisporidiis*）をテリオスポアーの特徴からシストフィロバシディウム（*Cystofilobasidium*）という新属に所属させた。この属の種は細胞壁にキシロースを有し、キノン系がQ-8であり、イノシトールを資化し、澱粉様物質を生成する特徴がある。ロドスポリディウム・インフィルモミニアツムはこれらの性状を有していたので、一九八八年われわれはこの種をシストフィロバシディウムに移し、シストフィロバシディウム・インフィルモミニアツム（*Cystofilobasidium infirmominiatum*）と命名した。

化学分類学的データ、リボソームRNAの塩基配列などから新しい菌類、古生子嚢菌の発見となったロドトルラ属の種

1　ロドトルラ・グルティニス-サイトエラ・コンプリカタ

一九七〇年、山梨大学の後藤昭二先生と東京大学の杉山純多先生はヒマラヤの土壌から二株の酵母を分離し、ロドトルラ・グルティニスと同定した。その後、われわれは酵素の電気泳動パターン、DNAの塩基組成（五〇・九－五一・五％、HPLC法五二・九％）、ユビキノン系（Q-10）、細胞壁の糖組成（キシロースを含まない）、DBB反応（陰性）、さらにDNA類似度からロドトルラ・グルティニスではないと結論し、一九八七年新属サイトエラ属（*Saitoella*）を設け、これらの菌株をサイ

トエラ・コンプリカタ（*Saitoella complicata*）と命名した。さらに杉山先生のグループは18S rRNAの塩基配列からサイトエラ属がタフリナ属（*Taphrina*）と近縁であり、子嚢菌系酵母とも担子菌系酵母とも異なる系統の菌類であることを明らかにし、この菌類を古生子嚢菌と呼ぶことを提唱している。

リボソームRNAの塩基配列から系統的な位置が明らかになり、ロドスポリディウム属から独立したコンドア属

1　ロドスポリディウム・マルヴィネルム-コンドア・マルヴィネラ

近年、リボソームRNA（rRNA）の塩基配列が微生物の進化関係を知るパラメーターとなることが明らかになり、広範な研究が報告されている。ロドトルラ属の有性時代として、ロドスポリディウム属、シストフィロバシディウム属が見出されてきたことはすでに述べた。一九七〇年、アメリカのフェルは、南太平洋およびインド洋の海水より担子菌系酵母を分離し、その一つをロドスポリディウム・マルヴィネルム（*Rhodosporidium malvinellum*）と命名した。その無性時代がロドトルラ・グラミニス（*Rhodotorula graminis*）と考えられた時期もあったが、両者のDNAの塩基組成があまりにも違うのでわれわれはその関係に否定的であった。一九八九年山田雄三先生はキノン系がQ-9であるロドスポリディウム属、ロイコスポリディウム属の系統関係を18S rRNAおよび26S rRNAの部分塩基配列から研究し、ロドスポリディウム・マルヴィネルムはロドスポリディウム・トルロイデス、ロイコスポリディウム・スコッチなどと著しく離れているので、コンドア（*Kondoa*）という

新属を設け、ロドスポリディウム・マルヴィネルムをコンドア・マルヴィネラ（*Kondoa malvinella*）と命名した。また、一九九四年杉山純多先生のグループは、18S rRNA の全塩基配列に基づく担子菌系酵母の系統を研究し、コンドア・マルヴィネラはロドスポリディウム・トルロイデスから独立していることを報告した。

むすび

ロドトルラ属は赤色色素をつくる以外に取り立てていうことのない酵母である。しかし、この一群の酵母の生物学的研究は、斎藤賢道先生、奥貫一男先生、長谷川武治先生からわが国の研究者に受け継がれてきた。また、順天堂大学の土屋毅先生の膨大な酵母の血清学的研究もわが国の研究者が誇りとする研究である。その中でも、ロドトルラ属は独立した一群となっている。そして、坂野勲博士のロドトルラ属の有性時代ロドスポリディウム属の発見が契機となり、化学分類学、系統分類学が導入され、この一群の酵母の分類学的研究が華々しく発展した。ロドトルラ属と同定されていた菌株から有性時代が見出され、新しい情報に基づき新属が創設され、さらに rRNA の情報を基に担子菌酵母の系統的関係も次第に明らかにされている。担子菌系酵母にはロドトルラ属以外にも多くの酵母が知られており、理化学研究所の中瀬崇博士とそのグループによる射出胞子形成酵母の研究はよく知られている。また、福井作造先生の接合型が異なるロドスポリディウム・トルロイデスの菌株がホルモンに相当する物質を分泌し互いに相手を探すという研究は、酵母が化学物質をとおして情報を交換するというユニークな研究である（後出）。このように、担子菌系酵母の研究はわが国の研究者が世界に先駆けて研究している数少ない研究分野である。

酵母の分類学者が現存する種の合理的な分類と未知の酵母の分離に努力していることはいうまでもない。一方、ある種の酵母の有性時代の存在を化学分類学の立場から推定し、接合により、その存在を実証できるようになったことは、酵母の分類学に新しい分野を開くものと考えられる。また、rRNA の塩基配列の情報に基づく系統的な研究は担子菌系酵母の理解をさらに深める結果となった。今後、化学分類学、系統分類学のデータを基に、担子菌系酵母の種の分割、統合、新属の創設がなされるであろう。

しかし、ロドトルラ属の中にはまだ有性時代が知られていない種も多い。一方、ロドトルラ・グルティニスのように、表現形質では同一種と同定されたものでも、近代微生物分類学の立場からその生物学的本質が明らかになった例もある。多角的見地から微生物の分類学的研究を行なう考えを多相分類学（polyphasic taxonomy, polyphasic approach）というが、化学分類、系統分類に続いてどのような見地からの研究を微生物分類学に加えるか、これが今後の課題である。

著者の研究グループがロドトルラの分類学的研究を開始して以来、多くの方々の協力をいただいた。お名前を列記するにはあまりに多いので、割愛させていただいた。

文献

この分野の研究報告はきわめて多いので、総合的なものを挙げる。

（1）Banno I. Studies on the sexuality of *Rhodotorula*. *J. Gen. Appl. Microbiol.* 13, 167-196（1967）

（2）Hasegawa T. A report on the taxonomy of red to orange *Rhodotorula*. *Annual Report of the Institute for Fermentation,* Osaka. No. 2, 1-25（1965）

（3）山田雄三「呼吸鎖に関与するキノン類の分子種に基づく微生物の分子系統分類」『バイオサイエンスとバイオインダストリー』四九、一九-二九頁（一九九一）

（4）Nakase T., Hamamoto M., and Sugiyama J. Recent progress in the systematics of basidiomycetous yeasts. *Jpn. J. Med. Mycol.* 32, Suppl. 2, 21-30（1991）

（5）Komagata K. Value of chemosystematic data for predicting anamorph-teleomorph relationships between genera *Rhodotorula* and *Rhodosporidium*. *FEMS Microbiol. Letters.* 100, 503-508（1992）

（6）徐聖義　杉山純多「分子的データに基づく担子菌系酵母の系統解析」『農化』六八、六七-七一頁（一九九四）

（7）坂野勲「担子菌系酵母の有性時代発見とその後の推移」IFO Res. Comm. 17, 54-61（1995）

付記

本稿が最初に出版されてからかなりの時間が経過した。その後、この分野の研究は著しく発展しているが、左記の成書の紹介にとどめておく。

Kurtzman, C. P. & Fell, J. W. (edited) *The Yeasts, A Taxonomic Study, Fourth edition.* Elsevier, Amsterdam (1998)

〈コラム〉

はじめてのアマゾン

宮治　誠

アマゾン河。このあまりにも有名な名前に、小学生のころから憧れていました。最近では世界の秘境とかの題目で、テレビなどでもよく放送され、日本人にもよく知られるようになってきましたが、一九八六年まではまだ訪問する日本人はそれほど多くなく、秘境という名がまだ通用していました。この年の一一月、助手の田口君と、おっかなびっくりマナウスの空港に降り立ちました。ポルトガル語ができないわれわれにとって、さらに困ったことに英語もあまり通じません。日本で旅行会社にホテルを予約してもらったのですが、タクシーで着いたところは空港と市の中心街の中間に建てられた新しいホテルで、値段ばかり高い割にはまわりになにもない状態です。着いたのが午後一時ころ、さて、これからどうしようか。サンパウロでは共同研究の打ち合わせなどでブラジル側といろいろ飲んだり食べたりしていたのでしたが、ブラジルにきてアマゾンに行かない手はないと、田口君と示し合わせ、視察旅行をすることにしたのです。ただし、名目はアマゾン地帯の病原真菌の生態調査です。といっても、どうしたらいいのか皆目わからないので、とにかくタクシーをチャーターし、マナウスをぐるっと見せてくれと、やっとのことで運転手にわからせ、後部座席に身を置くことができました。

まずはじめに連れていかれたのはアマゾンの熱

帯植物園でした。季節は夏、赤道直下の太陽が頭から照りつけて暑いのにもかかわらず、緊張していたためか汗が出る割には暑さを感じません。写真などでよく見るブラジル特有の赤茶色の家々が密集し、女子中学生なのか、おそろいの薄い青色の制服を着てペチャクチャとおしゃべりしながら歩いていくのが目にまぶしく映りました。植物園の近くには動物園もあります。昔、ゴム景気でにぎわったときには立派なものだったといわれていましたが、今、実際にその場所にきてみると、手入れがあまり行き届かず閑散と荒れ果てています。しかし、過去の栄華を偲ぶことはできました。

次に、これもまた有名なオペラ劇場を見学にいきました。これもゴム景気の絶頂期にロンドンでまず建設したものを解体してそっくりマナウスに運び再建設したとのことです。毎晩札束にうなった紳士淑女が正装し、オペラ観劇にきていたのでしょう。日本にいるとき写真で見るとものすごく壮大で立派に見えましたが、実際現場にいって見ると、まわりの風景が雄大なせいか、なにかポツンと建っている感じでした。しかしやはり内部は凝っており、往時の栄華が偲ばれます。

日本にいるときにも港や魚市場を見学するのが好きでしたので、次にマナウスの魚市場を見学にいきました。アマゾン河の岸壁に接続して倉庫のような建物があり、中では、二坪前後の店が並び、奇妙な形をしたさまざまな魚が売られています。中でもピラルクーの塩漬けになった肉が人気を集めていました。中年の運転手は急に私たちをほっぽり出してピラルクーの買い物に夢中になっております。市場の中は人でごったがえして、たいへん興味ある風景なのですが、いかんせん気の小さい私はポケットに入れた財布とパスポートが気になって、上からしっかりと押さえていることに注意が集中してしまい、ゆっくりと見学する余裕などありませんでした。田口君はといえば、私とは反対のおおらかな性格なので、パスポートなどに注意を払っている風もなく、周りの風景を楽しんでいます。大きな紙袋を抱えた運転手とともに車に戻りながら、身振り手まねを交えながら「その魚をどうするのか」と聞くと、今日の家族の晩飯だといいます。マナウスは自由貿易港で、外国製品には税金がかからずに陸揚げされ、アマゾン内陸都市としてベレンと並んで人口が集中し、活気を呈しています。ダウンタウンに行くと、それこそ電気製品が店から溢れだし、道いっぱいに人々が独特のにおいを発散しながら揉み合っています。東京でいうならば、ちょうど御徒町のアメ横を想像すればよいでしょう。

帰りはホテルの二〇〇メートルくらい手前で降ろしてもらいました。旅の疲れと緊張でくたくたではありましたが、興味をそそられて、小さなそれこそ現地の人が出入りするカフェに入ってみることにしました。ドアはなく、店内は薄汚れた白ペンキのテーブルが三つあり、片隅のミュージックボックスからラテン特有の音楽が流れていました。私はアンタークティカというビールを、田口君はアマゾン特有の精力剤として知られているガラナの炭酸水を注文して飲みはじめたのですが、その時、五歳くらいの、髪はぼさぼさで汚れた顔と汚れた服を着た裸足の女の子（たいへん可愛い）が踊りだしました。おそらくこの店の娘さんなのでしょう。なんともいえない手の振り、腰の動き、足の運び、ラテンのリズムにぴったりののり、思わずビールを置き見とれてしまったのでした。

翌日はアマゾン河探検というツアーをホテルで予約し、九時に出発しました。広大なアマゾン河をいく船はどんなものかと思ってみると、まさにエンジンをつけた丸木舟でした。アマゾン河は

アマゾン川の川岸に建つ家

ゆっくりと流れ丸木舟の側面は水面から五〜七センチしか出ていません。アマゾン河にはピラニアが群れをなしていると脅かされていたので、もし水が入って沈没でもしたら一巻の終わりだと、そんな心配ばかりが先に立ちます。

アマゾン河は水のハイウェイ、大型船が行き来し、そのまわりも小船や中型の客船が交差しています。大型船が通るたびに波が丸木舟の側面にぶつかり、ひやりとさせられます。おもしろいことに、河の中ほどにはガソリンスタンドがあります。ガソリンスタンドといっても、筏を組んだだけで、結構大きなものです。アマゾン河を往復する船はここで給油し、中にはレストランもあるものもあります。私たちの乗った船頭を入れて五人乗りの船も一つのスタンドに横付けされました。ここで昼食をとるのです。筏というよりも揺れ動く床という感じで、ただ波がきて、多少傾いた時に隠れていたゴキブリがぞろぞろと床下から這い出してくるのがいただけません。

この船上レストランで一時間くらい休んだのち、いよいよ奥地探検に向かいました。船は本流を離れ、支流へと入っていきます。河岸から木の枝が垂れ下がってときどき頭を下げないと通れないほどです。だんだん水路が入り組んで細くなっていきます。しばらくいったところで陸地に船をつけました。中洲の一つだそうです。島はうっそうと種々の木々で覆われ、道とおぼしき細い曲がりくねった線が奥に続いています。そのとき突然太腿のところに針をさされたような痛みを感じました。見ると小さな蜂かと思えるような蚊がズボンの上から針を突き刺していたのです。思わず手に持っていたバックで叩き潰しました。注意して見ると同じような蚊がどんどん私たちに向かってきます。手を振り回しつつ速足でこの地帯を通り抜けていくと、しばらくして小さな沼に行き当たりました。オオオニバスが水面を覆い、蝶やトンボ、いろいろな昆虫が飛び回っています。五人の原住民の子供たちが蛇を首に巻いたり、ポケットモンキーを肩にとまらせたり、子供のワニを抱いたりして近づいてきます。これらの動物を土産に買えというのです。ほうほうの体で、先程の船着き場に戻りました。この小旅行では、日本で買っていった蚊よけの携帯用超音波発生器を腰にぶらさげていったのに、アマゾンの蚊は逆に寄ってきてしまったのはなぜでしょう。

すでに五時をまわり少々暗くなり始めました。先程の丸木舟でアマゾン河を下降しながら右手を見ると一〇〇万の大都市マナウスのビルディング群が偉容をもって空中に突きだしています。原始社会と近代都市が隣り合わせに存在する景色に、実に不思議な感じを受けたものでした。

ホテルに帰ると伝言がきていました。マナウスの領事館の人からです。ぜひ夕食を御馳走したい

水面をおおうオオオニバスの群生

ので、よろしければ七時半ころ伺いますとあります。やがて、めずらしいものを食べに行きましょうと、FさんとTさんが訪ねてきました。郊外に向かって三〇分くらい走ったでしょうか。連れていかれたのは木々に囲まれた、かなり広い屋根だけのアマゾン特有のレストランでした。まず、Fさんがビールを注文した後、木の皮に書かれたメニューを読み上げます。ワニの尾っぽの部分の肉、アナコンダの肉片、ピラニアの焼き魚、ピラルクーの煮たもの、アマゾン特有のナマズのフライ、豆類のスープなどなど。触れ込みどおりめずらしいものばかりでした。ワニとアナコンダはさっぱりとしていてちょうど鳥肉を食べているようです。ピラニアは鯛を焼いたような味がし、ピラルクーは塩漬けされていたので、やはり塩気が強く、しかし脂肪がよくのっていてまあまあのできでした。しかしいちばんおいしかったのはナマズのフライです。アマゾンの名物はナマズといわれていたとおりでした。昼間の暑さとは比べようもない涼しい川風がレストランを吹き抜けていきます。

はじめて訪問したアマゾンでしたが、緊張と物めずらしさに心を奪われて時が過ぎていきました。以後、三回の訪問の機会を得ることができましたが、帰国後、また訪ねて見たいという郷愁が常に心をよぎったものです。

カビの細胞を観る

田中健治

生きた細胞をみる

大学院では、細胞学を専攻した。テーマはらせん菌の核の構造についてである。まず、らせん菌の分類・培養から始めた。微生物について何も知らなかった私は、人づてに椿先生を、当時の長尾研究所に訪ねて、いろいろ教えていただいた。そのとき、実験室の机の上にカビを培養した多数の試験管が並んでいたのを思い出す。思えば、これが私と培養されたカビとの最初の出会いであった。しかし、実際にカビを実験材料として手にとるようになったのは、大学院を終了してからであった。

現在のように優れた蛍光顕微鏡がまだなかった時代には、光学顕微鏡の分解能が〇・二ミクロンであることからしても、細菌の細胞構造を研究するのには自ずと限界があり、当時、最先端技術であった電子顕微鏡を使ってみようというのは自然の成り行きであった。しかし、このためには研究室にウルトラミクロトームや電子顕微鏡などの最先端機器が設置されていなければならない。当時、それらはあちこちにあるというものではなく、私は、本郷の植物学教室地下の遺伝学研究室にあった日本電子社製JUM-5型のウルトラミクロトームを使わせてもらって、何とか超薄切片をつくり、それを持って今度は、医学部病院にあった全学共同利用の日立HU-10型電子顕微鏡で技官の方に撮影してもらうという具合で、きわめて能率の悪い仕事であった。

カビの細胞を観る。これには三つの問題が含まれる。第一には、見るではなく、観ること、観察という行為である。単に対象を受け身的に見るのではなく、何をみるか、問題が何かを絶えず意識してみるという行為である。これはここだけの話でなく、どの科学についてもいえることであるが、同じ対象についても、人によって見方が違い解釈が異なることがあるのは普通のことかもしれない。それは観察者が対象について科学的に問題をどれだけ深めているかにかかわっているのであろう。

第二と第三は、観る技術についてである。細胞についての学問は、顕微鏡の発達と切り離せない。顕微鏡が発明されたから、細胞が発見されたのであるから当然のことである。他方、顕微鏡による観察では、相手にする対象に即した技術を研究せねばならない。いうなれば、観察技術のハードとソフトである。

顕微鏡を使うのは、肉眼では見えないものを観ようということであるから、分解能が問題である。今日の優れた蛍光顕微鏡は蛍光標識したタンパク分子の細胞内での動きまでみることができるが、普通の光学顕微鏡では、だいたい〇・二ミクロンぐらいの大きさのものまでしか見えない。なんといっても、生きている細胞をそのまま観察できるのは、光学顕微鏡の強みである。位相差顕微鏡を使えば、細胞内小器官の動きまで捉えることができる。このとき媒質の密度を変えることによって、細胞内構造をより鮮明にみることができる。メーソンとパウエルソン（1956）が、培地にゼラチンまたはカーボワックス（polyvinyl-pyroridone）を混ぜて核と細胞の周囲を同じ密度にすることによって、細菌が分裂で殖えるときの細胞核の動きを顕微鏡下に観察したのが最初ではなかろうか。爾来、この方法は成長するカビや酵母の細胞でオルガネラの挙動を観察するときにも応用されている。しかし、今日ではオルガネラをみるのに蛍光色素で染めるというのが主流になっているのは、蛍光顕微鏡が明るく使いやすくなっていることと、顕微鏡の下で培養を追跡することの煩わしさに耐えられないからかもしれない。

光学顕微鏡では、細胞の生きている様子をみることができるが、電子顕微鏡ではその原理からして生きた細胞をみることは不可能である。試料は真空中に置かれ、電子線に照射されて試料自体が電子線損傷を受ける。この過程での電子線の散乱によるコントラストによって、われわれは像をみることができるわけであるから、試料損傷なくして像をみることができないのである。そのうえ、試料は電子線が透過せねばならず、汎用の電子顕微鏡では〇・一ミクロン前後の厚さにしなければならない。ウイルスやタンパクなどのネガティブ染色やレプリカ標本を別にすれば、細胞の超微構造をみるためには超薄切片を作成しなければならない。そして、この切片をつくるまでには、おおまかにいって細胞の固定、脱水、樹脂包埋、切片作成という段階を経るから、ほんとうに生きた細胞の構造が保持されているのか疑わしい。さらに、これを電子線照射して観察するので、いわゆる電顕像なるものは真実の姿を反映しているのか。私が電子顕微鏡を使って仕事を始めたころには、電顕像はメザシの黒焼きをみているようなものだといって批判された大先生がおられた。しかし、六〇年代以降の細胞生物学は、電子顕微鏡で得られた超微構造の知見に裏づけられ、助けられて発展してきたのではなかろうか。そして今日では、むしろ分子生物学者が切片像を無批判に受け入れる傾向があることを指摘しておきたい。

生物試料の固定とは

光学顕微鏡にしろ、電子顕微鏡にしろ、生物試料を観察するためには試料の固定ということが行なわれる。固定とはどういうことか。生きた状態を瞬時に止め、生きていたときの構造をできるだけ保持し、かつ、脱水、包埋、切片作成の諸段階でできるだけ変化を受けないようにすることである。つまり、生きた構造を保持し、観察可能にすることである。電子顕微鏡形態学の初期に、ロックフェラー研究所のK・ポーターやG・パラーデ、そしてD・W・フォーセット、S・ベネットといった人たちが、多くの動物組織・細胞の美しい電子顕微鏡写真を矢継ぎ早に発表して、われわれの目を見張らせたのであるが、それらはオスミウム酸による固定であった。ところが、カビや酵母、そして植物細胞をそのままオスミウム酸で処理すると、細胞は真っ黒になり、なんの構造をも認めることができない。そのうち、J・H・ラフト（1956）が過マンガン酸カリウムによる固定を用いて、菌類や植物細胞の微細構造を示すことに成功したのを知って、これに追随することになった。私が大学院を終了し、定職がみつからず試行錯誤の実験を繰り返していたところ、酵母の切片の写真を撮ろうとして、オスミウム酸の固定がうまくいかず、過マンガン酸カリで固定したら、きれいな細胞構造を撮ることができたのを思い出す。やがて、千葉大学腐敗研究所の柳田友道先生から、アスペルギルス・ニガー(*Aspergillus niger*)の細胞の電顕像を撮ることを頼まれ、そのまま、柳田研究室の一員に加えてもらったのである。ここで日立の中型電子顕微鏡HS-6型を使って撮影したのが、私の最初の糸状菌の電顕ということになる。

過マンガン酸カリ固定によって得られた像では細胞の膜構造、核膜、ミトコンドリア膜、小胞体、液胞などの局在が明らかにされたものの、核小体やリボソーム、微細繊維などの細胞質微細構造を示すことができなかった。この限界があったにしても、それなりに、糸状菌集落において、中心部から周縁部へかけて、場所によって構成する菌糸細胞の微細構造に特徴があることを示すことができた。しかし、動物細胞での研究の進展からみると、カビとはこんなに扱いにくい材料なのかと、いらいらしたものであった。やがて、グルタールアルデヒドで前固定してオスミウム酸による固定をするという方法(1963)が、導入されるにおよんで、やっと糸状菌細胞では、動物細胞と比較できる構造を示すことができるようになったのである。しかし、酵母の細胞では、グルタールアルデヒド―オスミウム酸の二重固定によっても、黒い細胞質の中に膜構造が白い線として浮き上がる、いわばネガティブ・イメージしか得られないのである。そして、これは細胞壁があるために、オスミウム酸による固定がうまくいかないのではないかと考え、前固定のあとで細胞壁溶解酵素で処理をするということが試みられた。こうして、ロビノーは、はじめて酵母サッカロミセス・セレヴィシアエ（*Saccharomyces cerevisiae*）の核分裂装置、紡錘体微小管と両極のSPB（spindle pole bodies）の構造を明らかにしたのであった（ロビノーとマラク、1966）。彼らは、酵母の細胞壁を溶かすのに、古くから使われていたカタツムリ酵素を使ったが、われわれは、日本で開発されたザイモリエース（zymolyase）を使うことにした。ところが、ここでは微小管があるらしい場所はわかるのであるが、どうしても微細構造が壊れてしまうのである（図1-A）。おもしろいことに、種々の酵素の混合物であるカタツムリの消化酵素よりも、より純粋なグルカナーゼ酵素標品を使うと、細胞壁だけでなく細胞基質の構造が壊れることであり、これは、酵素標品にタンパク分解酵素などの混入のせいであろうと考えていた。とにかく、この方法を使って、シアトルのバイヤースらは細胞周期における微小管の挙動（1974）、減数分裂のときに出現するシナプトネマ構造などの観察（1975）を報告した。

これまでの試料作製法では、薬剤を使った固定によるタンパク質の変性が起こり、脱水と樹脂への包埋の過程で脂質などの流出や試料の収縮が起こることは避けられない。こうして観察した細胞の超微構造は、細胞のほんとうの構造をあらわしているのかという疑いを除くことはできない。微生物や精子は凍結したまま長期間保存でき、融解するとふたたび生きた細胞を得ることができることはよく知られている。それでは、細胞を瞬時に凍結して観察すれば、生きた状態での構造を知ることができるのではないか。それにしても凍結した細胞の構造をどのようにして観察するのか。一つの方法は、

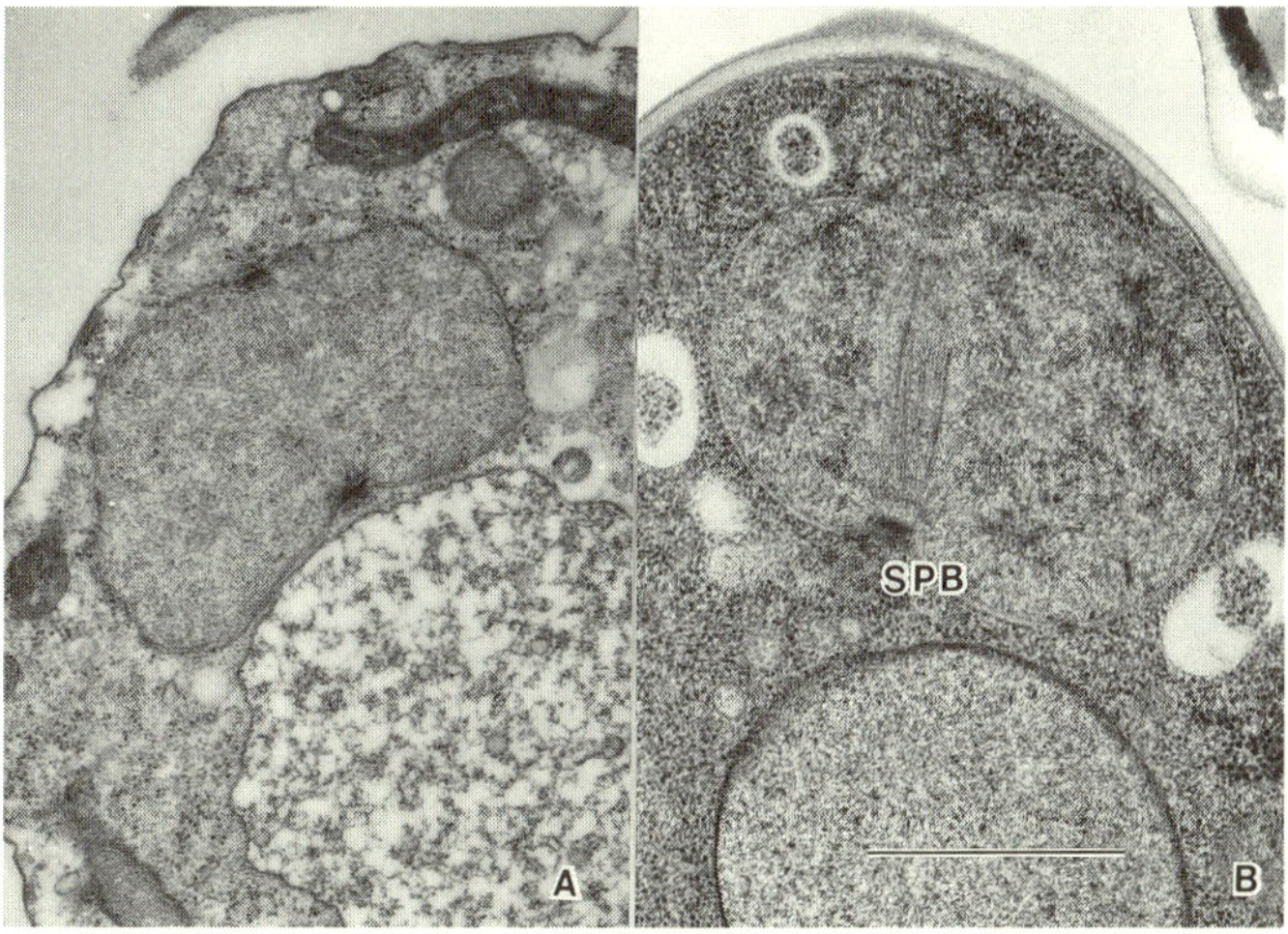

図１　酵母の核分裂装置。Ａ：グルタールアルデヒド固定のあと、ザイモリエースで細胞壁を消化したのち、オスミウム酸で後固定したもの。Ｂ：急速凍結置換法による。細胞壁と微小管からなる紡錘体を含む核の構造がよく保存されている。スケールは１μm

凍結レプリカ法といって、凍結した細胞を高真空中でナイフで割断し、そこに白金などの金属の蒸気を吹きつけて薄い金属膜（レプリカ膜）をつくり、これを電子顕微鏡の下で観察するのである。アメリカのステア（1956）によって始められ、スイスのムーアとミュールタフー（1957）は真空機器メーカーのバルツアース社とともに装置を開発した。生物試料を単にドライアイスあるいは液体窒素で凍結すると、細胞内に氷の結晶ができて構造の破壊が起こり、それらは常温に戻しても生き返ることはない。したがって、凍結保存では、グリセリンやDMSOなどの凍結防護剤を添加するのが普通である。ムーアらは、酵母がグリセリン添加の培地で十分生育することを確かめて、それらの細胞を凍結してレプリカを作製した。こうして、得られた酵母の超微構造は、先に化学固定によって得られたものと同じであり、化学固定の標本でみられる構造が生きた細胞の構造を示すことが確認されたのである。さらに、凍結割断レプリカでは、細胞内構造だけでなく、膜の破断面が露呈される。凍結割断のあと、高真空中で水を昇華させる、いわゆるエッチングを行なうと、破断面に加えて膜の外側の表面が露出されてくるので、この破断面は脂質二重層の内側疎水性の面であることがわかる。そして、露出面に多数にみられる粒子は、膜タンパクの粒子であり、それらの分布は生体膜の生理活性を反映するものと考えられる。

これまでに述べた凍結レプリカ法では、細胞に氷の結晶ができるのを防ぐ目的で凍結防護剤で処理することが行なわれたが、氷晶の形成が起こらないほど早い速度で細胞を凍結すれば、超微構造の破壊も起こらず、生きた細胞の真の構造をみることができるであろう。こうして始められたのが急速凍結法である。細胞や組織を液体ヘリウムや液体窒素で冷却した銅ブロックに接触させたり、液体窒素で冷却した液化プロパンに浸漬して凍結することが行なわれるようになった。急速凍結した試料を凍結レプリカ装置に入れ、割断したのち、高真空中で水分を昇華させると、細胞骨格とその関連構造がみごとに出てくるのをみることができる。いわゆるディープ・エッチング法である。他方、急速凍結した試料をドライアイス・アセトン（マイナス七九℃）で冷却したアセトン―オスミウム酸で置換し、脱水、樹脂包埋して通常の超薄切片を作製する方法が凍結置換法であり、今日では広く普及するにいたっている。そして、酵母や糸状菌の細胞超微構造の研究でも、この方法が行なわれるようになってやっと、動物細胞と同列のレベルで超微構造の議論ができるようになったのである（図1－B、図2、図3）。

ところで、菌類細胞について凍結置換法を最初に本格的に始めたのは、エイスト、ホック、ホワードといった、コーネル大学の植物病理のグループであった。一九七七年の夏、フロリダのタンパで開かれた第二回国際菌学会議で、当時、院生だったR・ホワードが、私に凍結置換法でみた菌糸の切片像をみせ微細繊維がはっきりと出ているのを示しながら、熱っぽく語っていたのを思い出す。私はこの方法の有用性にいち早く気づくべきであったが、実際にこの方法をやり始めたのは、それからだいぶん経ってから、エイストが三重大学の久能教授のもとに滞在したとき、彼がわれわれに実際にやり方をデモンストレーションしてくれたからである。そして、そのころになって、解剖学の人たちも急速凍結置換法を行なうようになり、いろいろなノウハウが電子顕微鏡学会で発表され、今日では、こ

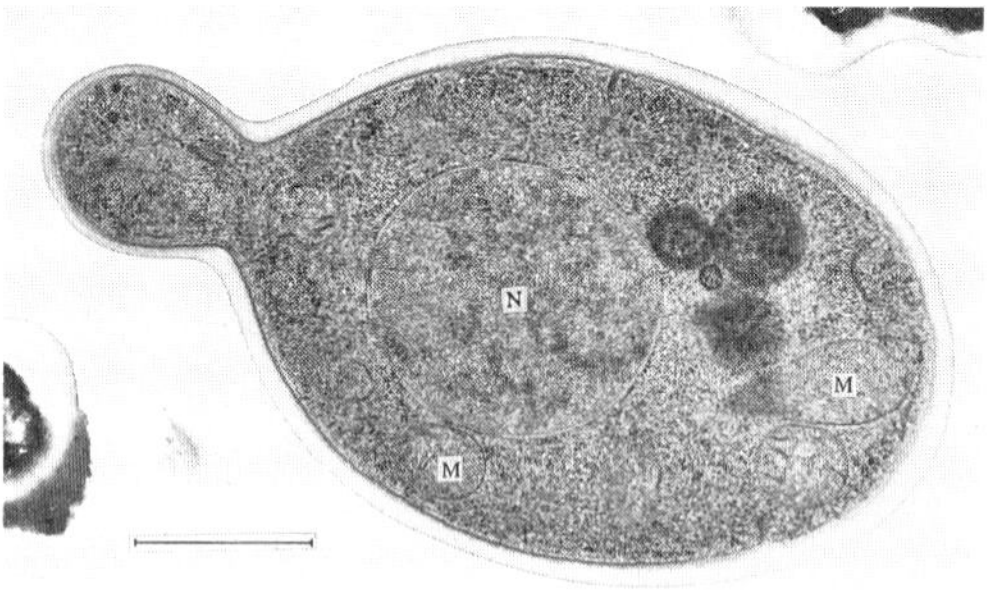

図２　酵母サッカロミセス・セレヴィシアエの出芽細胞。急速凍結置換法による。Ｍ；ミトコンドリア、Ｎ；核

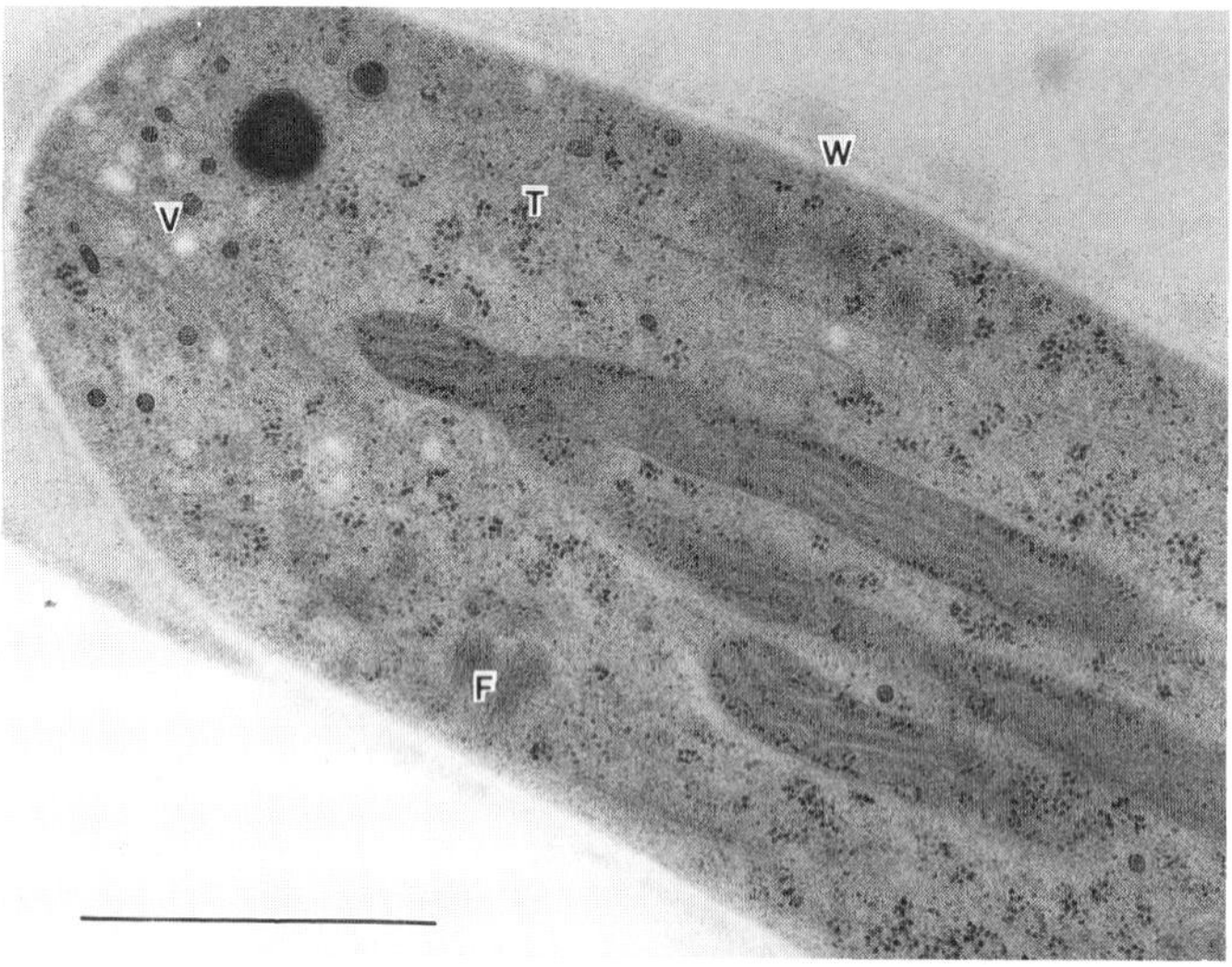

図３　皮膚糸状菌ミクロスポルム・カニスの菌糸先端部。Ｆ：フィラゾーム（微細繊維の集まり）、Ｔ：微小管、Ｖ：小胞、Ｗ：細胞壁

れが一般的な手技になったといえよう。

このようにみてくると、菌類細胞の超微形態研究において、過マンガン酸カリ固定によって細胞の膜構造だけを観察していた時期が第一期、グルタールアルデヒド—オスミウム酸固定によって、細胞質のリボゾームや核小体、そして微小管の分布などが記載できたのが第二期とすれば、現在は第三期、急速凍結固定法が主流になっており、細胞骨格や細胞壁の超微構造について観察ができるようになったのである。

細胞の三次元構造を観る

一般に微生物を取り扱うとき、特に生理活性などをみるときには、一個一個の細胞ではなく、培養された細胞の集団、すなわち細胞周期やエイジングを異にする細胞の集団を対象とする。低倍率での顕微鏡の下では、細胞の集団全体の様相をうかがうことができる。たとえば、単細胞の酵母の培養をみると、そこにはいろいろな、分裂前のもの分裂中のもの、また、形の変わったものなどさまざまな細胞をみることができる。ましてや、糸状菌では枝分かれした菌糸の集団や胞子形成細胞など多様である。とにかく、微生物の培養は細胞レベルでいえば、ヘテロな集団である。ところが、形態や細胞構造を問題とするときは個々の細胞を対象とする。電子顕微鏡の下で、いろいろな細胞の切片像を観るとき、それらの構造がどういう形の細胞のものであるか、その細胞が細胞周期のどの段階にあるか、集団を代表する形態なのかなどを知らねばならない。超薄切片像は細胞構造の一断面を示すにすぎず、細胞全体の形を知るには、連続切片をつくって、それらを三次元的に再構成することが必要である。これは、細胞の全体像を再構成し、構造成分のトポロジーを明らかにするという本来の目的を達成することにもなる。ここでまた、超薄連続切片の作製という技術的問題に遭遇する。

光学顕微鏡でパラフィン切片を連続的に採取するならいざしらず、ウルトラミクロトームで超薄連続切片をつくるのはかなり熟練を要する技術である。だいたい、ガラスナイフを用いて超薄切片をつくっていたのでは、せいぜい二〇枚程度が限度であったが、ダイヤモンドナイフ（一本五〇万円もする）が使えるようになって、何枚でも無限といってもよいほど超薄切片を連続的につくることができるようになった。問題は、これらの連続切片のリボンをメッシュに移しとることである。リボンの浮いている水面の下にメッシュを入れてすくいとるといったことを試みたが、これは偶然を期待するようなもので、科学的といえるものではなかった。うまい方法をトロントのヨーク大学に短期滞在したとき、そこのテクニシャンから教わった。トランスファー法といって、水に浮かせた切片のリボンを水の表面張力を利用して単孔メッシュの孔の中にすくいあげ、それをフォルムバール膜を張った単孔メッシュにのせるというやり方である。しかも、彼らはこの重ね合わせの操作のために簡単なミクロマニピュレーターをつくり、百発百中、連続切片を採取できるようにしていたが、われわれは、自分の指先の器用さに頼って連続切片を移す操作を行なっている。ここにも彼我の技術に対する考え方の相違をみせられたように思う。とにかく、連続切片ができれば、たとえば、酵母なら、四〇～五〇枚の写真を再構成すれば、一つの細胞の完全な構造を明らかにできる。その三次元再構成については、はじめのうちは、ある構造、たとえばミトコンドリアなどの輪郭をバルサ材にトレースして、切り取り、それを積み重ねるという手作業であった。これもやがて、画像をコンピューターに入力すれば三次元構造を再構成できるプログラムがいろいろ出てきて、今日では盛んに使われている。しかし、構造の三次元再構成は写真を重ねるだけではない。研究者が目的とする構造を選び出し、それを入力していくのであるが、ここには、研究者の観る眼が重要な役割を演じることはいうまでもない。

解剖学とは、器官や組織という部分が個体という全体において、時間空間的にどのような関係にあるかを明らかにする学問である。肉眼でみえる動植物の個体では、部分の位置関係を示す左右前後軸や背腹軸、いわゆる座標軸は自ずと明らかである。われわれの超微形態学も、細胞レベルでのミクロ解剖学であり、微生物細胞という全体において、構造部分のトポロジーを明らかにするのが目的である。そして、菌類では細胞の成長方向を座標軸として構造を記載する。

サッカロミセス酵母やカンジダ酵母のように出芽で殖えるものでは、出芽の方向と出芽（娘）細胞の母細胞に対する大きさの割合が、また、分裂酵母シゾサッカロミセスでは、細胞の長さが細胞周期の進行段階を反映しているから、再構成した細胞の全体像と核の分裂像を知れば、細胞周期の段階が特定でき、同時に、細胞内での構造成分のトポロジーも確定できる。したがって、単細胞の酵母では、細胞集団の固定包埋標本から作製した連続切片の再構成ができれば、細胞の構造情報が得られる。これに対して、糸状菌では事情が異なってくる。寒天培地の上に広がる菌のコロニーと液体培地で生える菌糸塊（ペレット）との違いはいうにおよばず、一本の菌糸細胞をとっても、先端から基部にかけて構造の分化がみられる。したがって、カビの細胞構造をみるときには、まず、どういう細胞のどこをみようとするのか、前もって、光学顕微鏡ではっきりと特定しておかなければならない。たとえば、菌糸の長軸方向での構造を明らかにしようとすれば、スライドガラスの上に広げた薄い寒天培地のフィルム、あるいは、培地上にのせたセロファンの上に菌糸を生育させて固定し、フラットのまま樹脂に包埋して菌糸の長軸方向に平行な切片を作製しなければ構造の局在を正確には記載できないのである。

私が千葉大学腐敗研究所でカビの電子顕微鏡観察を始めたときのテーマはアスペルギルス・ニガーの菌糸の構造を調べることであった。コロニーの場所によって、生合成活性や種々の酵素活性が異なり、周辺部ほど活性の高いことが知られており、構造の違いが問題にされた。そして、コロニーのいろいろな場所から菌糸を切り出し固定して構造をみることを行ない、それなりの知見を得ることができたのであったが、そのときは、一本の菌糸の切片をつくることに思いいたらなかった。カビの代表的な種類について菌糸細胞の微細構造を明らかにして、菌糸の構造の極性的分化、すなわち最先端には多数の小胞が集積し、その後方にはミトコンドリアが多い先端部、核やゴルジ体構造などの細胞小器官に富む次端部、そして液胞の発達した液胞域と、先端から基部にかけての構造の分化を報告したのは、ドイツのギルバルトやインディアナ大学のブラッカーらであった。七〇年前後のことである。

CW :細胞壁
ER :エンドプラスミック
　　レティキュラム
D　:ジクチオゾーム
　　(ゴルジ体相当)
M　:ミトコンドリア
Mb :マイクロボディ
N　:核
NC :核小体
MT :微小管
SPB:紡錘体極
PM :原形質膜
V　:小胞
VA :液胞
VP :液胞内粒子

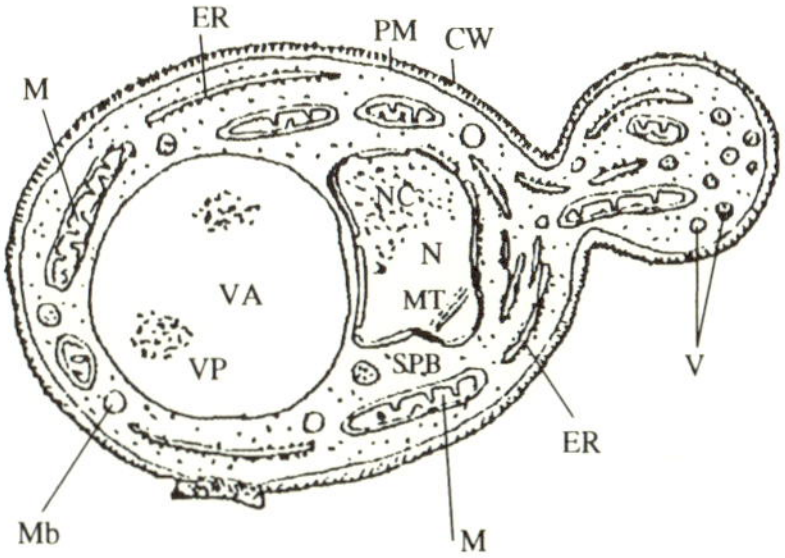

酵母 細胞構造模式図

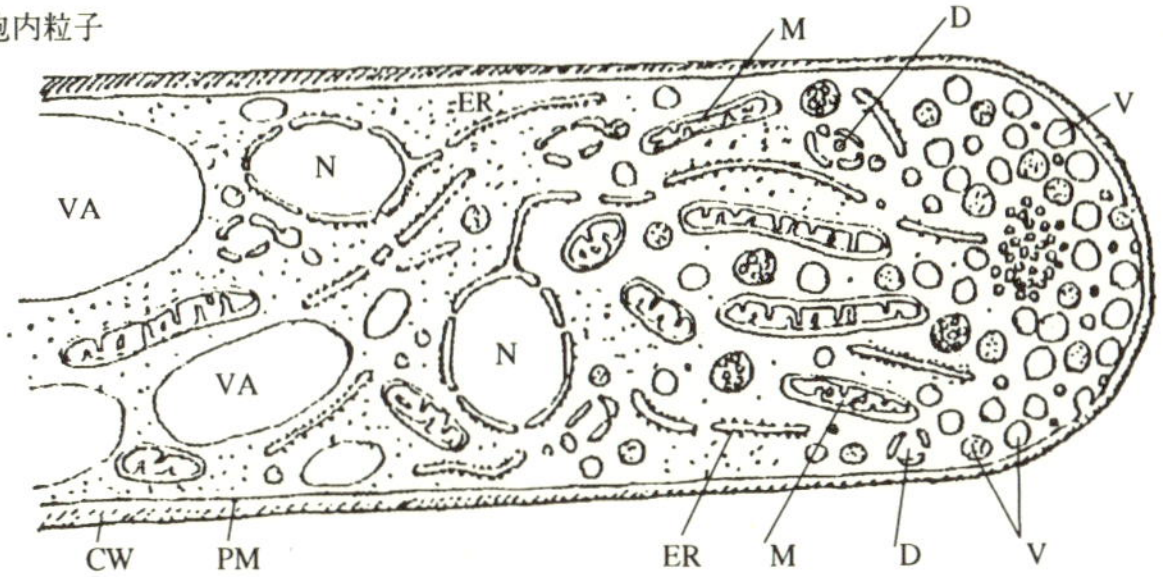

菌糸 細胞構造模式図

図 4　菌類細胞の構造模式図

この先端細胞の最先端の小胞に富む構造こそ、菌糸の先端成長にあずかる場所であり、ここでの細胞壁形成のメカニズムを解明することにその後の研究は発展していくことになる（図4）。

今日では、蛍光色素で染色して細胞内のオルガネラの挙動を調べたり、抗体のできているタンパク質ならば、蛍光色素標識した二次抗体と組み合わせて、その局在を蛍光顕微鏡で観察することが盛んに行なわれている。わざわざ連続超薄切片の三次元再構成という面倒なことをやらなくても、構造の動きを多数の細胞について一度に観察できること、微小管のような構造の細胞全体での分布が容易に観察できるなど多くの利点がある。しかし、細胞の働きを分子のレベルで解明しようという現今の研究の方向からすれば、それらの分子の超微形態学的局在を免疫電顕法などの技術によって明らかにしていくのは当然の流れと思われる。

電子顕微鏡でカビの超微形態をどう研究していくかという方法論の回顧になってしまったが、ほんとうの生きている構造を観るといえば、位相差顕微鏡の下で生きた酵母の細胞、伸長する菌糸を観察することであろうが、われわれが、この分解能の限界を超えて観たいというとき、電子顕微鏡の技術を使うことになる。そして、そこに観られるものは自ずとある条件の下での情報である。しかし、この形態学的研究は、生理生化学ないし分子細胞生物学の知見と相容れないというのではなく、むしろ、それらの知識を豊かにし、眼前に生き生きと展開する生命現象として理解し描くために必要不可欠な情報を提供するのである。

異担子菌酵母との出会い

福井作蔵

　大学紛争が私に思いがけない出会いを与えた。当時、勤め先である東京大学応用微生物研究所（応微研）は全共闘に占拠され、研究室への入室が暴力的に拒否された。われわれは、生命である研究業務を奪われてしまった。その間の三年あまりを、私は近傍の大学へ非常勤講師として出講し、勉強させてもらった。出講先の一つに千葉大学園芸学部があり、そこで四回生阿部恵子（旧姓毛利）さんに出会った。

　阿部さんの指導教官、矢吹稔先生は「麹菌によるアミラーゼの誘導生成」の研究をされていて、講義後の時間は研究結果の検討に参加させていただいた。一方、毛利さんは卒論生で、テーマは忘れてしまったが、細胞の二形性に興味を持っていた。私は、かねがね、細胞の形態に球菌と桿菌があるのはなぜか、不思議に思っていた。別の言葉では、形態（かたちとおおきさ）の意義とそれを決定する因子の特定を夢見ていたといいえようか。講義などでは、球菌が原始形であり、桿菌は進化形である、と述べていた。こんな関係から、毛利さんが二形性の研究を目的に、私の研究室へ大学院生として進学してきた。この出会いが、研究者としての私の後半人生の幕開けとなった。

彼女の研究課題として、「生活史における二形性」を選ぶこととし、駒形和男氏（東京大学名誉教授、東京農業大学教授）に相談したところ、坂野勲博士（当時発酵研究所）が研究していた異担子菌酵母がおもしろいと教えてくださった。異担子菌酵母は「キノコ」の仲間に入る微生物で、一倍体一核世代では酵母形細胞として、ヘテロキャリオン（二核）世代では糸状菌（二核菌糸、クランプ・コネクションを持つ）として生育する点に特徴があり、二形性に関する格好の実験材料と判断した（図1）。なお、キノコは、周知のように、二核菌糸の集合体（子実体）である。

私たちは、早速、坂野博士に手紙を出して、異担子菌酵母ロドスポリディウム・トルロイデス（*Rhodosporidium toruloides*）のタイプカルチャー（雌および雄）を頂戴した。同菌株の「性」は*A*および*a*として表され、坂野さんは、研究に好都合な遺伝形質を持つ株を選んでおいてくださった。たとえば、赤いコロニー（赤の酵母）は*A*株、黄色のコロニー（黄の酵母）は*a*株で、*A*／*a*二倍体は濃茶色コロニーとなる（平板培地）。また、それぞれ異なった栄養要求を持つので、制限培地では、赤の、または（および）黄の酵母の出現（増殖）を選択抑制することができる。

研究をわかりやすくするために、取りあえずの目的を細胞形態の変化（酵母形態→糸状菌形態）を誘導するシグナルの検証と特定に置いた。この研究の細胞学的実験はすべて阿部さんが行なった。図1に、ロドスポリディウム・トルロイデスの生活史を示した（坂野博士より）。

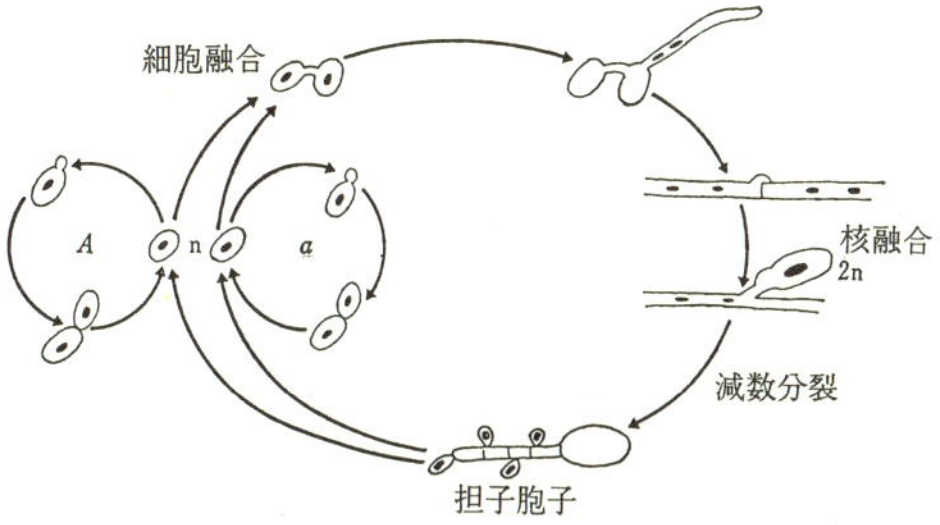

図1　異担子菌酵母ロドスポリディウム・トルロイデスの生活史（坂野勲博士より改変）

ところで、当時研究所（東大応用微生物研究所、今の東大分子生物細胞学研究所）は閉鎖されており、研究指導に責任を持てない状況にもかかわらず、私は大学院生二名を引き受けた。何としてもこの状況を乗り越え、研究教育を守りたいと考えたためである。一方、同僚や研究所から「無責任な奴」とする圧力を感じていた。研究所内への出入りが不可能だったので、根津の寄宿舎の塀を乗り越えて学内に侵入（？）し、農学部図書館のセミナー室で学生諸君と落ち合っていた。また、農学部前、根津、上野とその近辺の喫茶店も盛んに利用した。学生はシャーレなどを籠に入れて学外まで運んでくれたものである。別に、密かに研究室に入り、細胞生長の撮影（映画フィルム作成）を行なったが、全共闘に見つかり押問答の末、連れ出されたこともあった。

形態変化誘導シグナル（フェロモン）

1　マイクロコロニー間の相互干渉

まず、生活史の進行にともなう形態変化を細胞レベルで追跡する目的で、寒天フィルム培地にマイクロカルチャーし、細胞の挙動を顕微鏡下で連続観察（撮影）した。

①A株細胞とa株細胞を混ぜ、完全培地の寒天フィルム（スライド・グラス上）に接種、培養した。低細胞濃度では形成するマイクロコロニー間の相互干渉を見ることができる。マイクロコロニーは酵母細胞からなる円形小集落であるが、あるマイクロコロニーが、隣のマイクロコロニーを捕捉するように菌糸を伸ばしている姿が観察される。これからは、菌糸を伸ばした細胞、捕捉されようとしている細胞がA細胞なのか、a細胞なのかわからない（図2）。そこで、②A細胞とa細胞を別々の寒天フィルム培地に接種し、これらを、セロファン膜をはさんで上下に重ねて培養した（サンドイッチ・カルチャー）。焦点をずらして顕微鏡観察すると、a細胞が菌糸状形態を示し、A細胞は円いマイクロコロニーのみを与えた。次に、③寒天フィルム培地をサイド・サイドで接触させて培養した（ラインアップ・カルチャー）。a細胞のマイクロコロニーから菌糸状の細胞が伸び、別サイドのA細胞のマイクロコロニーを捕捉しようとする姿が見られる。以上を要約すると、A細胞

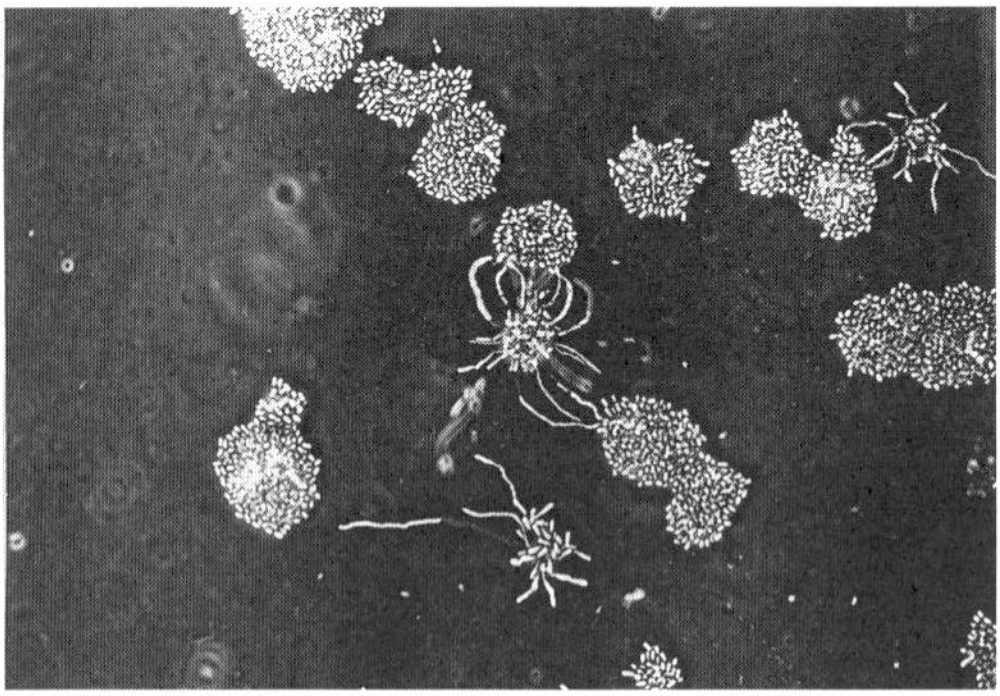

図2　A細胞とa細胞のマイクロコロニー間相互干渉（混合培養）30℃、17時間

がなんらかのシグナルを発信し、それをa細胞が受け取って形態変化とともに発信細胞に対し接近行動を起こしたことになる。また、シグナルはセロファン膜透過性であることがわかる（図3、4）。

2　細胞間の相互干渉

生活史に見られる性的細胞融合（性接合）を細胞行動のレベルで観察し、解析を行なった。すなわ

図3

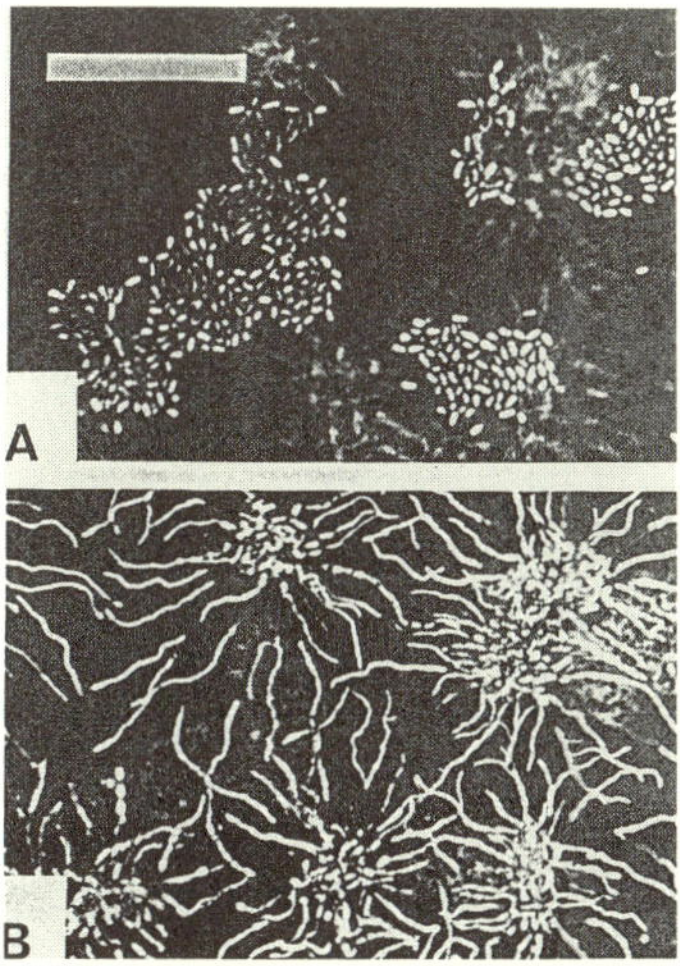

図4

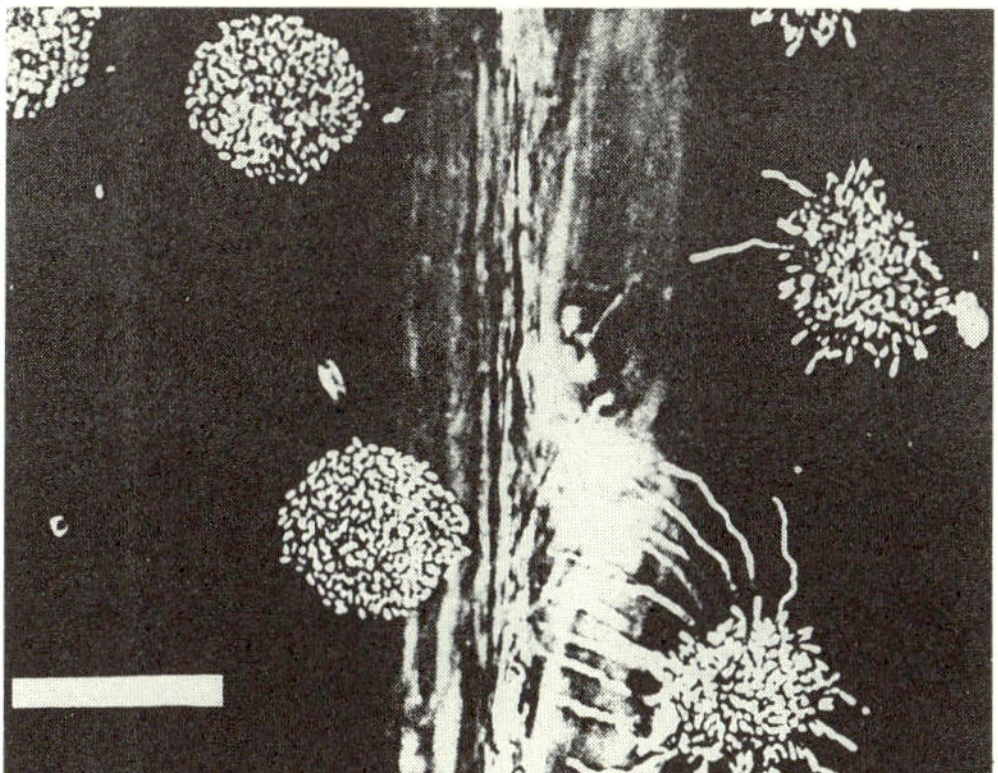

図3　*A*細胞と*a*細胞のサンドイッチ・カルチャー
上（A）：*A*細胞、下（B）：*a*細胞。30℃、17時間、スケールは100 μm

図4　*A*細胞と*a*細胞のラインナップ・カルチャー
左：*A*細胞、右：*a*細胞。30℃、17時間、スケールは100 μm

ち、Aおよびa細胞を高濃度で混合し、顕微鏡下で接合プロセスを追跡した。図5ではペア細胞に番号を付し、経時的に撮影してある。ペアのうち、一方（a細胞、やや長めの細胞）が接合管を形成伸長させ、他方（A細胞、やや球に近い細胞）はある時間を置いたのち、接合管を形成、伸長させる。接合管は互いに先端を認識し合い、融合する。核は一方の細胞から他方の細胞に移動（a細胞からA細胞へとは限らない）する。融合細胞内では、核融合をすることなく一倍体二核（ヘテロキャリオン）として、菌糸を形成する。二つの核は、前後して菌糸内へ順次移行する。

3　シグナルの検証

Aまたはa細胞の培養上清（液体培養の遠心上清）を含む培地に、Aまたはa細胞を固定化した寒天フィルムを投入し、培養する。これを経時的に追跡すると、A細胞の培養上清がa細胞に接合管形成を誘導し、細胞分裂を抑制した（図6）。a細胞の上清はA細胞に何ら影響を与えなかった（接合管形成の誘導なし、細胞分裂の抑制なし）。図5の細胞間相互干渉では、A細胞も接合管を形成することが観察されている。A細胞の上清を含む培地にa細胞を接種、培養し、得られる培養上清（a細胞培養上清）は、A細胞に接合管形成を誘導する。接合管を形成した細胞は、細胞分裂不能（DNA合成抑制）、接合可能であるので、性分化細胞と呼ぶことにした。したがって、シグナルは、性フェロモンのカテゴリーに入り、菌株の名称（ロドスポリディウム・トルロイデス）からロドトルシンA（A細胞がつくる）およびロドトルシンa（a細胞がつくる）と呼ぶことにした。以上を要約すると、A細胞（栄養細胞）は構成的に、a細胞は性分化後に（誘導的に）性フェロモンを分泌する（図7）。

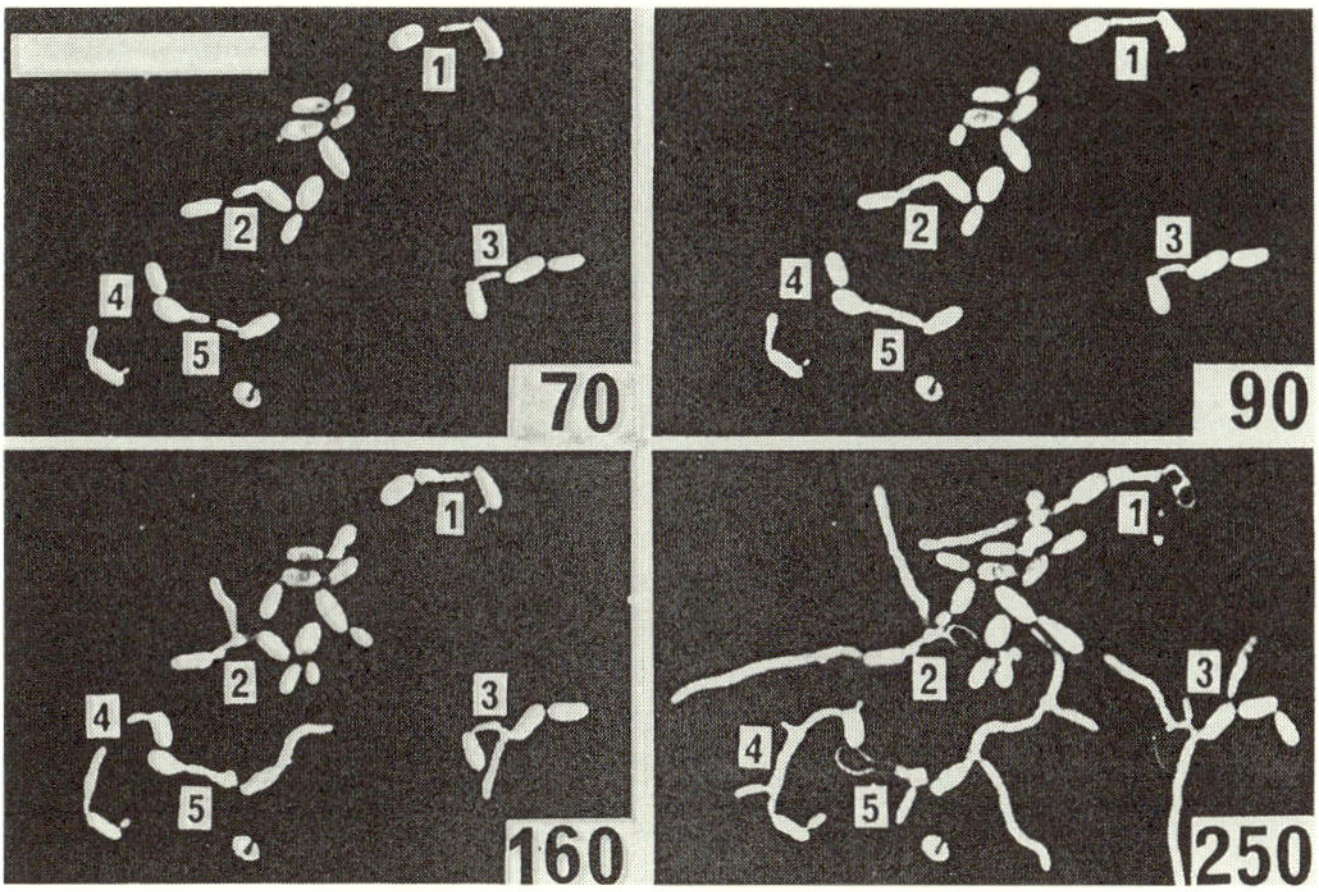

**図 5　*A* 細胞と *a* 細胞の細胞間相互干渉（混合培養）
数字は撮影開始からの時間（分）、スケールは50 μm**

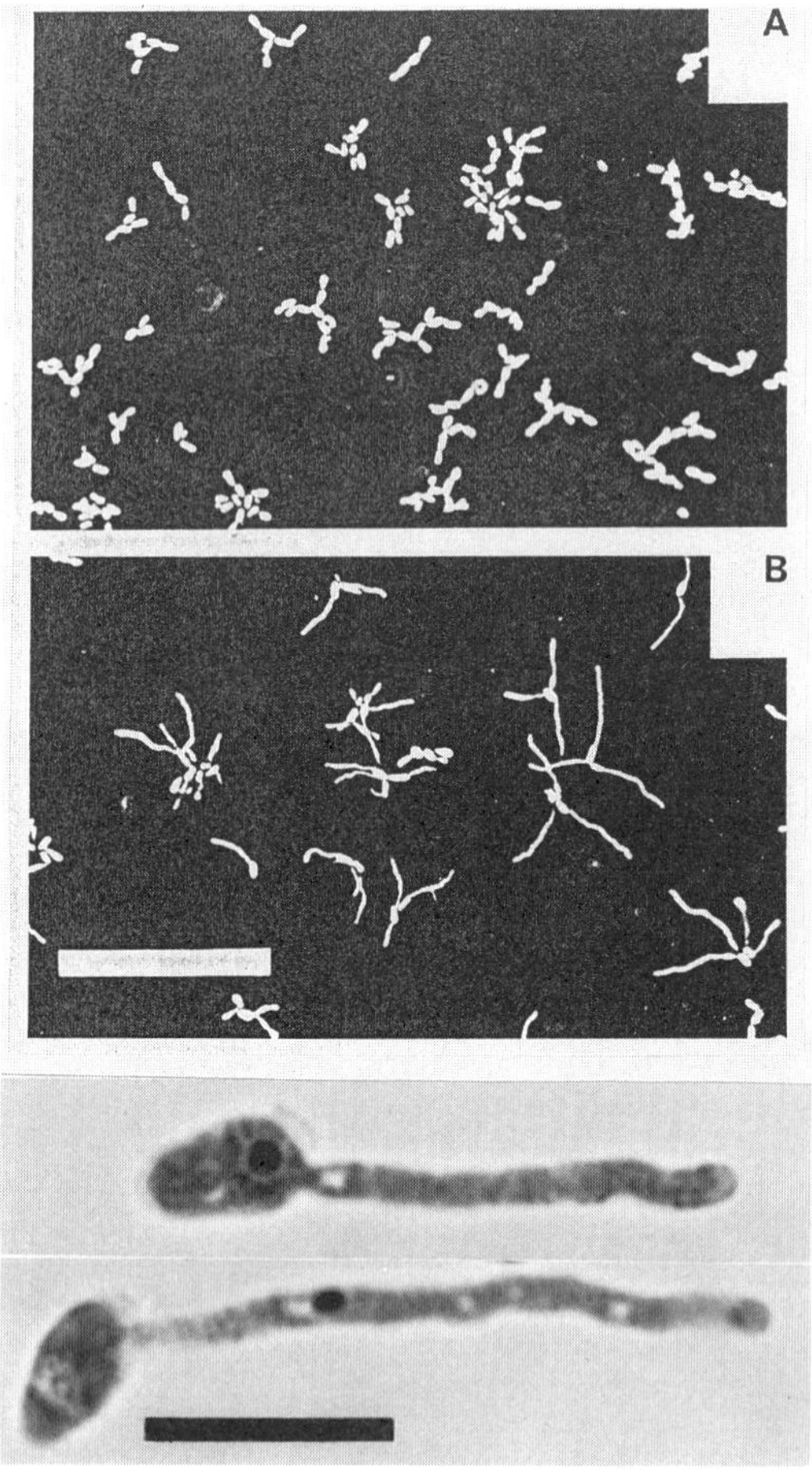

図6　ロドトルシン*A*による*a*細胞の性分化
上（A）：ロドロルシン*A*なし、中（B）：ロドトルシン*A*添加。30℃、5時間、スケールは100 μm　下：性分化細胞の核染色　スケールは10 μm

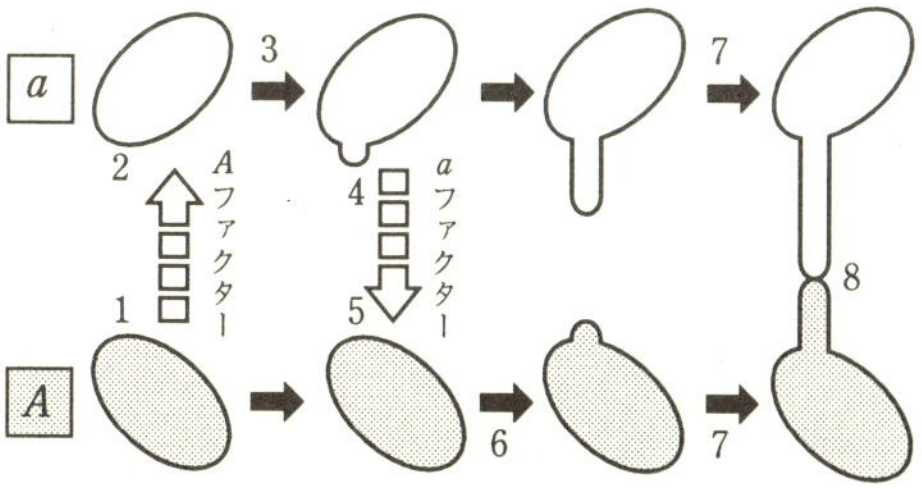

図7　性接合におけるシグナル（フェロモン）の交換過程。数字は進行順序

4　シグナルの化学

性分化のシグナル（性フェロモン）で、当時（一九七五年）、化学構造が明らかにされていたものは、サッカロミセス・セレヴィシアエ（*Saccharomyces cerevisiae* 子嚢菌酵母）の α-ファクターのみであった。ロドトルシンAの化学構造を決めるにあたり、新しい共同研究者と出会うことになった。ロドトルシンAは構成的に分泌生成されるので、三〇〇リットル培地から精製した。協和発酵工業東京研究所のみなさんにたいへんお世話になり、水-飽和n-ブタノール抽出液として研究室に持ち帰った。フェロモンは、神谷勇治博士（理化学研究所主任研究員）により精製（収量一・五ミリグラム）され、機器分析、酵素分解などを駆使してペプチド部分（11アミノ酸のペプチド）の化学構造が決定された。

ペプチドの化学合成は武田薬品工業研究所のみなさん（藤野雅彦博士他）のお世話になった。心待ちにしていた合成品について生物活性を早速測定したところ、まったく活性はなかった。神谷博士は機器分析のチャートを読み直し、C-末システインがファルネシール・チオエーテル誘導体になっていることを知った。ふたたび、藤野博士へ化学合成を依頼した。今度は天然標品とまったく同じ活性を示し、フェロセンの化学構造は決定された（下記）。フェロモン活性は一ミリリットル当たり約八ナノグラム（10^{-9}モル）で与えられ、一般動物ホルモンと同様の有効濃度といえる。

5　シグナル（ロドトルシン*A*）の遺伝子（*RHA*）

広島大学工学部発酵工学（現、同大学大学院先端物質科学研究科）では、赤田倫治博士（現在、山口大学工学部教授）と宮川都吉教授により、ロドトルシン*A*の遺伝子（*RHA*）がクローニングされ、遺伝子構造との関連で多数のロドトルシン*A*アナログ化合物が化学合成された。つまり、ロドトルシン*A*の生成・成熟・分泌機構を解析し、一定の推論に到達した。詳細は別の機会に述べるとし、ここでは、*RHA*が*A*細胞に特異分布し、*a*細胞のゲノムには存在しないことを特記したい。染色体分析が十分でないので、結論的にはいえないが、性染色体の存在が示唆され、少なくともロドトルシン*A*はロドトルシン*a*の先駆体ではないことがわかった。

一方、ロドトルシン*a*の生成には、ロドトルシン*A*による誘導過程が必須で、多量生産にいまだ成功していない。したがって、単離、構造解析、遺伝子クローニングは今後の問題として残っている。

```
                                                     S-farnesyl
                                                     |
H-Tyr-Pro-Glu-Ile-Ser-Trp-Thr-Arg-Asn-Gly-Cys-OH
```

ロドトルシン*A*の化学構造式

フェロモン（シグナル）への応答

性接合は、Aおよびα細胞間の相互反応であり、ここでは、A細胞をシグナル発信細胞、α細胞を応答細胞（受信細胞）として解説する。以下は、α細胞が示すフェロモンに対する応答（細胞学的および生化学的応答）の簡潔な記述である。

1 細胞周期とシグナル応答

栄養増殖（普通の有糸分裂）しているα細胞は細胞外シグナル（ロドトルシンA）を受容すると増殖を抑制し、接合管を形成、生殖細胞に変化する。増殖の抑制が細胞周期のどの点で起こっているのかを、阿部さんがていねいな実験で決めた。すなわち、ランダム・カルチャーのα細胞を寒天フィルムに閉じ込め、個々の細胞について、フェロモンに対する応答を経時観察（顕微鏡下撮影）した。ただちに応答可能な細胞は、小さい出芽（一・三ミクロン）を持つS期直前（DNA合成開始約一〇分前）の細胞であった。フェロモンと接触後（接触は一〇分間必要、あとはフェロモン不要）、DNA合成を抑制し（細胞周期進行抑制）、小さい出芽が、①接合管に直接変化する場合と、②出芽伸長を停止して別の場所から新たに接合管を形成する場合とがある。出芽がある程度（一・四ミクロン）以上大きくなり、すでにS期に入った細胞は、そのまま細胞周期を進捗（しんちょく）させ、細胞分裂の後、S期直前になってフェロモンに応答する。すなわち、性分化には細胞周期依存性細胞内シグナルも必要で、今後の大きな研究課題である。

2　**シグナル受容体（細胞表面の応答）**

シグナル（ロドトルシンA）はa細胞と接触すると、速やかにトリプシン型分解を受ける。性分化能を欠いた変異株（a細胞）にはフェロモン分解能を欠く株があり、分解能を回復した復帰変異株はすべて性分化能も回復していた。そこで、このトリプシン型分解酵素をシグナル受容体（レセプター）と判断した。この受容体は細胞膜壁から界面活性剤で容易に抽出でき、精製標品（63Kd タンパク）になると、フェロモン結合能を持つが酵素活性を失う。しかし、カルシウム・イオン存在下、アミノ系リン脂質膜へ挿入、再構成すると酵素活性を回復する。再構成酵素に対する阻害剤（例、SH阻害剤）は、すべてa細胞（*in vivo*）の性分化抑制剤となる。なお、ロドトルシンAのトリプシン分解物（オクタ・ペプチド＋S－ファルネシル－トリペプチド）はa細胞に与えてもフェロモン活性を示さない。

3　**カルシウム・イオン排出の阻害（細胞膜系の応答）**

ロドトルシンAはレセプター（トリプシン型ペプチダーゼ）に受容され、速やかに分解されて、S－ファルネシル－トリペプチドを与える。このトリペプチドは膜系 Ca^{++}-ATPase（カルシウム・イオン排出）を阻害し、細胞内のカルシウム・イオン濃度を即時一過的に上昇させる（10^{-7}→10^{-5}モル）。一過的である理由は、細胞内のカルシウム・イオンの上昇により、カルシウム・カルモデュリン複合体濃度が増え、膜カルシウム・イオン排出が促進されるためである（阻害からの解放）。

4　プロテイン-キナーゼおよびプロテイン-フォスファターゼの活性化（細胞質応答）

カルシウム・カルモデュリン複合体の濃度上昇でプロテイン-キナーゼが自己修飾（リン酸化）を受けて活性化される。この間にプロテイン-フォスファターゼも活性化され、cAMP-依存性プロテイン-キナーゼ（Aキナーゼ）が抑制される。細胞はG1-アレストされる。

5　核膜、核質および遺伝子の応答

性分化フェロモンに対する細胞深層の応答はいまだなにもわかっていない。したがって、性分化に関するカスケードの全貌はわかっている部分が少ない。

異担子菌酵母（ロドスポリディウム）の行動

栄養増殖細胞はフェロモンに応答してDNA合成（核分裂・細胞分裂）を抑制し、生殖細胞に性分化する。この過程において細胞や細胞核は、どのように行動するのだろうか？　また、異担子菌酵母（一倍体期）は細胞分裂において特異な核行動をとるといわれるが、それはどんな行動なのか？　阿部さんが丹精を込めて実験を行なった。一連の研究で、彼女は農芸化学会から奨励賞を受けた。

1　性分化細胞（接合管）の行動

*a*細胞をロドトルシン*A*を含む培地に懸濁すると（性パートナー細胞なし）、細胞あたり一～四本の接合管形成が見られる。数はシグナル濃度と関係があるらしい。接合管の形成位置は細胞の端部お

よびその近傍で、伸長方向はほぼ真っ直ぐで、曲がらない（二〇ミクロン以上になる）。一方、細胞を寒天フィルムに固定し、シグナル濃度勾配の場におくと、接合管はシグナル濃度の高い方に向かって伸長する。

「性」は種の保存と進化を許容するための仕組みとして必須である。酵母など、運動性を持たない生物では、フェロモンをシグナルとして分泌し、性的パートナーの確認と誘引のための行動として、接合管を伸長させて、性的相手と融合する。つまり、接合管の伸長は性のための細胞行動といえる。

2　性分化細胞における核の行動

フェロモンで化学的に（性パートナー細胞なしで）性分化させた細胞では、DNA合成が抑制されており、核は分裂することなく母細胞部分から接合管部分に移り、接合管の伸長とともに先端に向けてさらに移動していく。接合管が二本以上の場合は、その一つに核の侵入が起こり、他は核なしで管伸長が進む。隔壁やクランプ・コネクション（クランプ）はできない（図6）。

3　性接合した細胞（二核細胞）における核の行動

性的パートナー細胞間の接合は、接合管先端間の融合ではじまり、核が一方の細胞から他方の細胞に移る（細胞質の交換も起こる）。次いで、二つの核が、新しく生じた菌糸部分に順次移り、前後に並ぶ。核融合することはない。数時間（正確な時間は不明）の後、DNA合成抑制を解除、二つの核はクランプ（菌糸にできるポケット構造）を利用して分裂し、菌糸内で配列修正を行ないつつ細胞分裂、細胞伸長を遂げる（二核菌糸の生長）（図8）。約二四時間後、菌糸の先端近くに大きいポケットをつくり、*A*核と*a*核一つずつがその中に入り、融合する。厚膜胞子（有性胞子）の形成である。厚膜胞子は減数分裂、出芽して四つの担子胞子（*n*体）を着生する。

4　栄養増殖（細胞周期）と核の行動

細胞周期にはいわゆる「M期」がある。核移動期で、ロドスポリディウムは著しい特徴を示す。*A*核（または*a*核）はDNA倍化後、出芽部（娘細胞部）にそっくり移行する。娘細胞内で、核分裂し

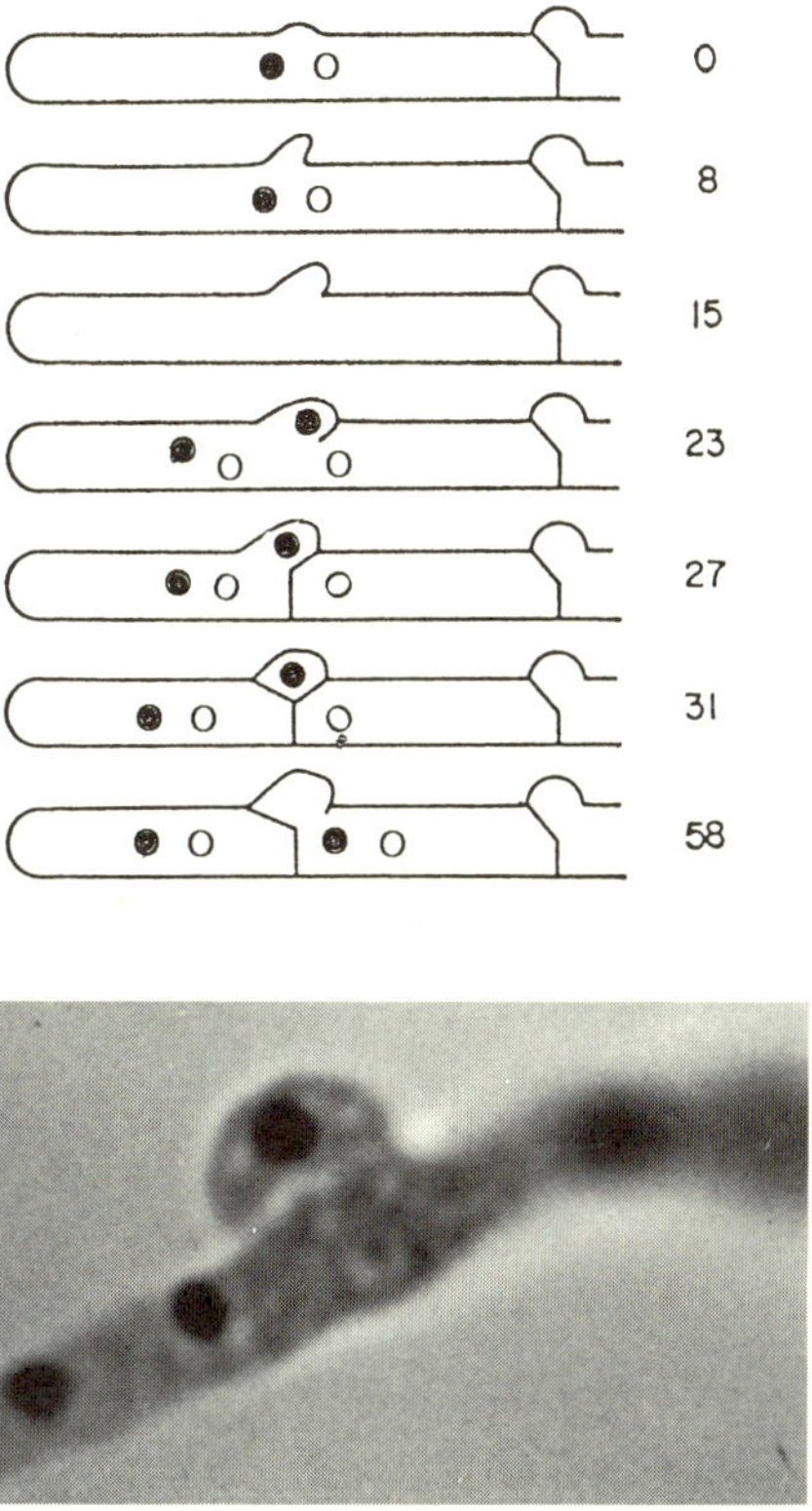

図 8　2核菌糸の細胞分裂（核の分裂・分配）。数字は経過時間（分）。写真では核が黒い球になっている。

て二つの核になり、そのうちの一つが母細胞部に戻り、核分配が終了する。図8の二核菌糸における核行動は、クランプを出芽の一種と考え、その部分を利用した巧みな核分配と見ることができよう。

私の研究人生の前半は、北原覚雄先生との出会いに支配された。本稿では一人前の研究者になれるかどうかを占う研究人生の後半の出発点として、大学院生の教育研究を振り返ったものである。たまたま、阿部さん（現在、環境生物研究所長）との「巡り合い」がラッキーな引き金となった。以来ずっと、多くの優れた共同研究者（他機関を含む）、スタッフ、大学院生、研究生にめぐまれた。また、いくどか海外に出かけ研究発表させていただいた。幸運な後半を過ごすことができたわけで、感謝するのみである。ただ、残念なことに、球菌と桿菌を支配する因子はまったくわからないままである。

現在、研究人生の余分（おまけ）を楽しんでいる。新しい出会いがありそうで、「カビ」の胞子に呼びよせられている。

酵母は遺伝子の構造を変えて性転換する

大嶋泰治

異常ホモタリズム株の発見

一九六五年の夏、私は二年間のアメリカ、南イリノイ大学におけるリンデグレン先生（酵母遺伝学の創始者）のもとでのポスドク生活を終わり、当時大阪市北区堂島にあったサントリー社の研究所へ帰ってきた。それに先立つ二、三年前、サントリー社はビール事業に進出し、研究所にはその時の興奮の余波がなおも漂っていた。研究室員との帰国早々の対話で、留学中の仕事を話し見聞を語った。また、留守中のあれこれと研究の進展について聴いた。その時の会話の詳細については今は忘れてしまったが、同僚の高野勇氏の話したビール酵母とパン酵母には四倍体や五倍体などの高次倍数性株が多いことと、シェリー酒酵母（サッカロミセス・オヴィフォルミス *Saccharomyces oviformis*）の産膜性についての研究中に、たまたま遭遇した異常なホモタリズム株の話に強い興味を抱いた。

近代化される以前のヨーロッパにおけるビール醸造は、地域の醸造場か領主の館、あるいは僧院などで行なわれ、今はやりの地ビール程度の小規模なものであっただろう。そのような環境の中で、ビール酵母は生物と認識されることもなく、ビール種として経験的に選択されてきたであろう。ハンゼン以来、そこから優良株の純粋分離が行なわれ、その中の多くに高次倍数体株が見出されたのである。高次倍数体がなぜビール醸造に好適なのか、どんな過程で高次倍数体が出現したのか、またその育種技術はなど、ビール醸造と酵母育種に新しい局面を示す知見だった。一方、ホモタリズムの現象は、酵母の有性生殖に関連する現象であり、一九三〇年代半ばよりのデンマークのカールスベルヒ研究所におけるウィンゲと、それに続くリンデグレンによる酵母遺伝学の草創期よりよく知られていた。高次倍数体の出現に、このホモタリズムの機構が関係しているのであろうと薄々感じていた私は、早速、高野氏とともに異常な四分子分離を示すホモタリズム株の研究に着手した。一九七〇年より私は母校の大阪大学に奉職することになったが、その後も研究を続け、ここに紹介する接合型変換機構に結びついた。

その本論に進む前に、ホモタリズムとヘテロタリズムについて簡単に説明しておこう。一般に、ビール酵母は学術的にはサッカロミセス・セレヴィシアエ（*Saccharomyces cerevisiae*）に属するとされており、自然界から分離される同種の酵母は例外なしに二倍体である。その新鮮な細胞を、薄い酢酸カリを含む胞子形成用の寒天培地表面に、塗布するように接種すると、二日後には減数分裂を経て細胞は子嚢に変わる（図1A）。減数分裂が正常に進行すると、各子嚢には四個の子嚢胞子が形成される。この子嚢胞子は一倍体の細胞で、高等生物の卵や精子などに相当するが、子嚢を顕微操作機で解剖し、一個一個の胞子を分離して栄養培地に置けば発芽して栄養増殖を始める。このとき株により違いが見られ、ある株では胞子由来の栄養細胞が一倍体のままで栄養増殖を続ける。このような株をヘテロタリズム株と呼んでいる。こうして二倍体のみならず、一倍体の栄養細胞が得られることは酵母の大きな特徴であり、遺伝学の研究にたいへん好都合である。さらにヘテロタリズムの一倍体栄養細胞は、対立する **a** および α と呼ばれる性（酵母では接合型と呼ぶ）のいずれかを示す。一倍体の

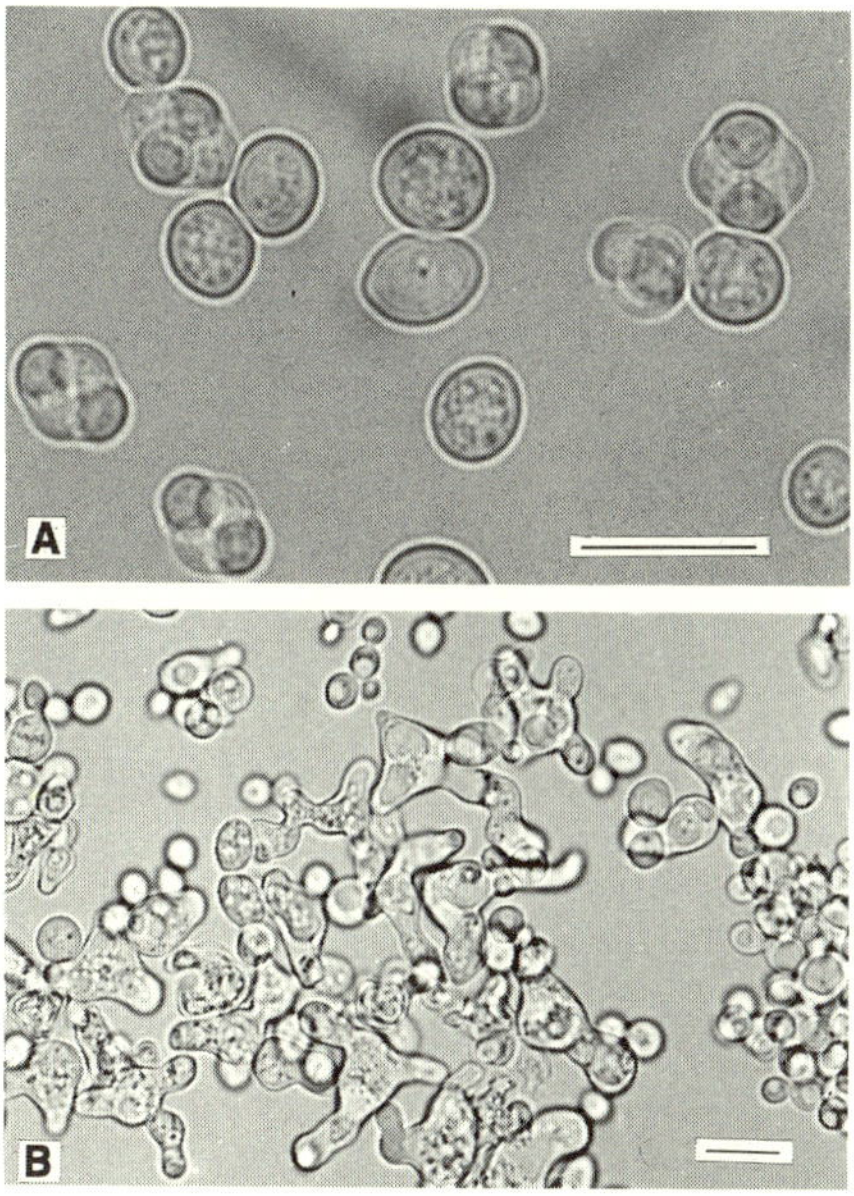

図1　サッカロミセス酵母の（A）子嚢形成と、（B）接合子。図中のスケールは 10 μm

a 型細胞どうし、または **α** 型細胞どうしの混合培養では、なんの変化も示さないが、**a** と **α** の両接合型細胞を栄養培地に混合培養すれば、数時間以内に多くの異性細胞間で凝集し、その中で互いに相手を選んで接合子（図1B）を形成する。さらにそのまま培養を続けると、接合子から二倍体細胞を出芽して二倍体世代にかえる。この一連のプロセスが図2に示すヘテロタリズム株の有性的生活環である。得られた二倍体細胞を胞子形成培地に載せると、ふたたびそれぞれ二個の **a** と **α** の接合型を示す胞子からなる子嚢を形成する。この分離形式を 2**a**：2**α** 分離と呼ぶ。

これに対しホモタリズム株では、個々の子嚢胞子は一倍体であるにもかかわらず、図2に示すように、その純粋培養により二倍体の栄養細胞の培養が得られる。その二倍体細胞は、通常の二倍体酵母と同じく接合能を示さず、胞子形成培地に接種すれば子嚢胞子を形成する。そのいずれの子嚢胞子も、単離して培養すればふたたび二倍体細胞を生ずる。

高野氏の発見した異常なホモタリズム株は、各子嚢の四胞子のうちの二個はホモタリズムの性格を示して二倍体の栄養細胞（2n細胞）を生ずるが、残る二個は常に **a** 接合型の一倍体栄養細胞となる。ここで得られた二株の二倍体株は、子嚢の形成を経て、ふたたび二株の **a** 型一倍体株と二株の二倍体株を分離する。この分離形式を 2**a**：2 2n 分離と呼ぶ。二倍体細胞の形態は多くは卵形であり、その一端近くに一個の芽を着生し、それが成長すれば母細胞から離れて独立の細胞となるいわゆる出芽増殖を行なう。一倍体細胞は、この二倍体細胞より若干小さな球形の細胞であることが多く、しかも出芽した娘細胞がしばらくは離れることなく、数個から十数個の細胞が集合した芽簇を形成すること

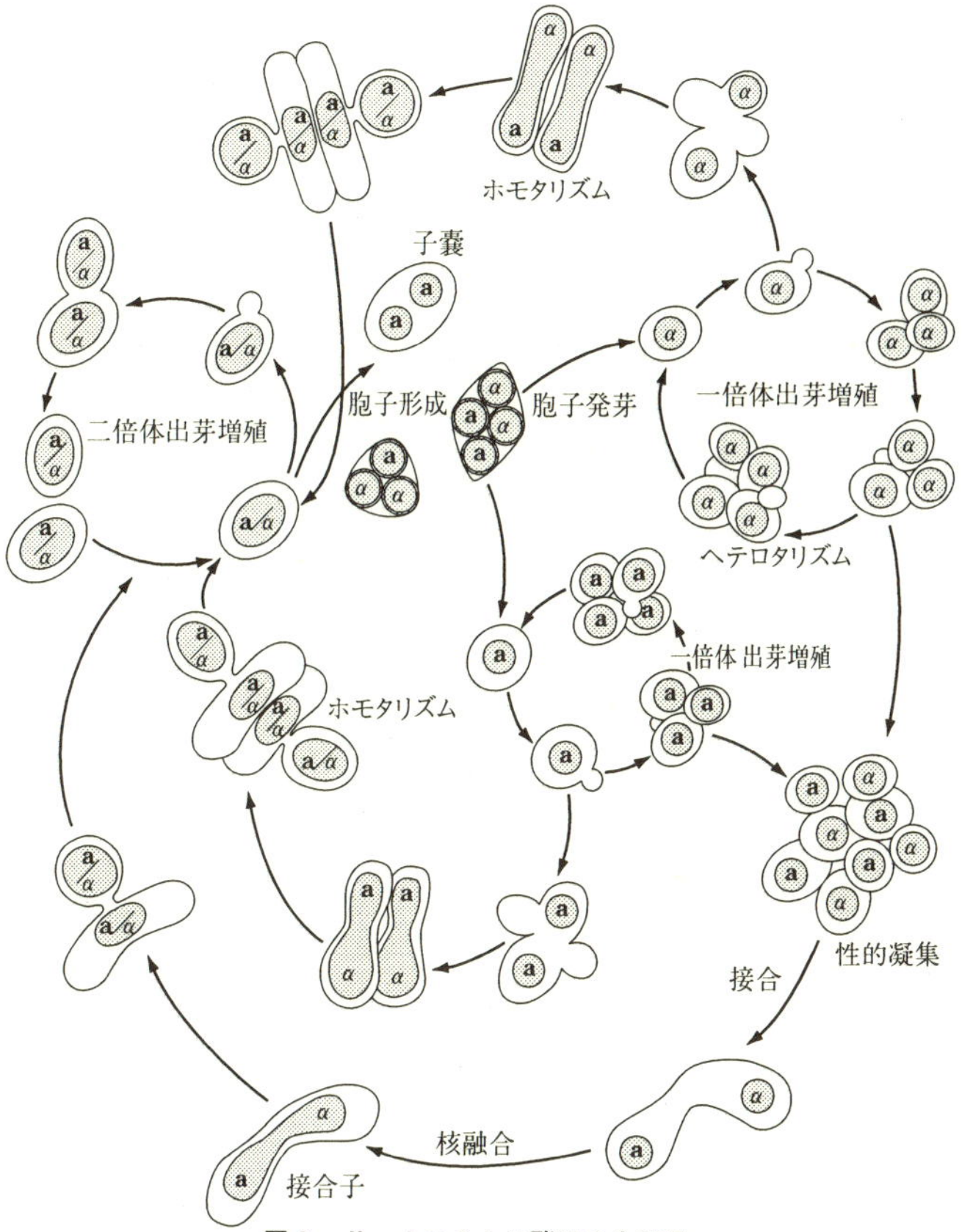

図2　サッカロミセス酵母の生活環

から、一見して二倍体細胞と区別することができる。

ホモタリズム株では、一倍体の単胞子培養からどのようにして二倍体細胞が生ずるかが、当初の問題であった。ホモタリズムとヘテロタリズムの違いは、対立するDとdの二倍体化遺伝子に支配されており、劣性のd遺伝子を持つ株はヘテロタリズムを示し、優性のD遺伝子を持つ株はホモタリズムであることは、前記のウィンゲとリンデグレンの時代よりよく知られていた。私たちが研究に着手した一九六五年当時も、その知識はほとんど進歩することなく、ただ、酵母の接合型は、第III染色体右腕約三〇センチモルガンの位置にある一対の対立遺伝子 *MAT*a と*MAT*α に支配されており、D遺伝子型の株では *MAT* 座が **a** とαいずれの型であっても、胞子発芽に続く一倍体栄養細胞の増殖が始まると間もなく二倍体化が起こり、以後の細胞集団は二倍体細胞で占められることがわかっていた。

どのようにして二倍体化が起こるのであろうか。

ウィンゲは寒天平板上に胞子を置き、その発芽に続く栄養細胞の増殖過程で二個の細胞が接合し、二倍体細胞が生ずることを観察した。私たちは顕微鏡に一六ミリ・シネカメラを取り付けて細胞増殖の様相を追跡し、図3に示すように、胞子発芽に続く二回の出芽増殖を経て四個の細胞となったとき、おのおのの二細胞間で接合が起こることを観察した。なぜ単一胞子の培養で接合子が形成されるかについては、次の二通りの考え方があった。その一は、同一接合型の細胞間で接合するとの考えである。その二は、細胞増殖中にD遺伝子が接合型支配遺伝子に突然変異を起こし、**a**型細胞の集団にα型細胞が、逆にα型細胞集団中に**a**型細胞が生じ、**a**とαの異なる接合型の細胞間で接合が起こるとの考えである。しかし、いずれも具体的な証拠による議論ではなかった。

ホモタリズム二倍体細胞は a と α の異性細胞間の接合で生ずる

ホモタリズムによる二倍体化の遺伝子支配について語る前に、ホモタリズム株の各子嚢における四個の子嚢胞子の接合型について述べよう。子嚢を解剖して、個々の胞子を栄養培地寒天上に置き、それぞれの胞子に接して、接合型のわかっている一倍体ヘテロタリズム株の栄養細胞を一個ずつ置いたところ、この一倍体細胞と直接接合する胞子は、いずれの子嚢でも二個以下であった。このことは、ホモタリズム株でも、それぞれの子嚢で二個の胞子は **a** 型で、残る二個は α 型であることを示唆する。異常な 2**a**：2 2n 分離を示すホモタリズム株でも同じである。したがって、異常株では α 型の胞子は二倍体化するが、**a** 型胞子ではホモタリズムの機構が機能していないと考えた。さらに本来 α 型と考えられる胞子に由来する二倍体細胞の子嚢にも、二個の **a** 型胞子が生ずるから、この **a** 型胞子の *MAT* 座は、本来は *MAT*α 型であったと考えられる。このような **a** 型一倍体の接合型形質と支配遺伝子座を、正常な **a** 細胞のそれと遺伝学的に比較したが相違を見出せなかった。こうして 2**a**：2 2n 分離を示す株に由来する **a** 細胞の *MAT***a** 遺伝子は、*MAT*α から変換されてできたものと考えた。さらに込み入った実験で、正規のホモタリズム株の **a** 型胞子に由来すると考えられる α 型細胞も、正常な α 型細胞と比較して何の相違も見出せなかった。このような観察から、ホモタリズム株での二倍体化の現象は、①**a**細胞とα細胞間での接合によっており、②それら**a**またはα細胞のいずれかは、胞子発芽後の細胞増殖中に接合型が変換して生じたものであり、③その接合型の変換は接合型支配遺伝子の変化によると考えた。しかも**a**/α二倍体細胞が形成されると変換は停止するから、接合型支配遺伝子座がヘテロの*MAT***a**/*MAT*α型になると、変換機構はその機能を停止すると示唆された。

その後、アメリカの研究者により、酵母の性フェロモンであるα-ファクターを用いた実験が行なわれた。**a**型細胞はα型細胞の分泌するα-ファクターにより生育が阻止され、接合態勢に入るが、α型細胞はそれに影響を受けることなく生長を続ける。この現象を利用すれば、個々の細胞について接合型の変化が追跡できる。その実験によれば、胞子発芽後の第一回目の細胞分裂では、母子ともに接合型に変化なく、次いで第二回目の出芽が母細胞と娘細胞でほぼ同調して起こり、娘細胞とそれから出芽した孫細胞では以前と同じ接合型を示す。しかし、胞子に由来する母細胞で二回目の出芽が行なわれると、図3に示すように、出芽した第二番目の娘細胞とともに対立する接合型に変わる。こうして胞子発芽後の二回の分裂を経て四細胞となったとき、二個は当初の接合型を示し、残る二個の細胞はそれに対立する接合型を持つことになる。したがってこれらの細胞間で二個の接合子が形成され、その出芽増殖により二倍体細胞の集団となる。これらの観察から、接合型変換は、出芽経験のある母細胞において、染色体の複製前に行なわれることがわかった。

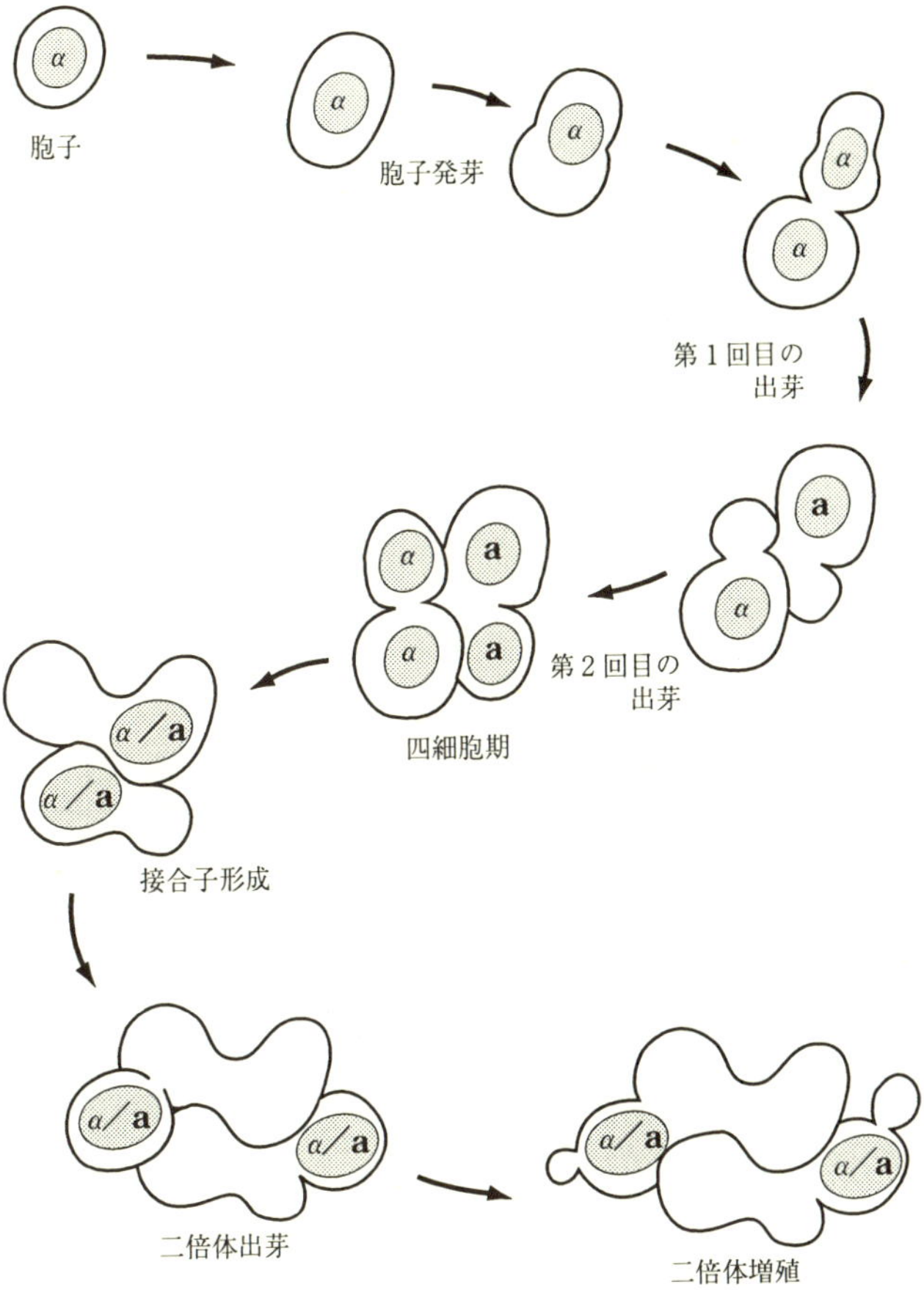

図3　一倍体胞子の発芽からホモタリズムによる二倍体化のプロセス
αの接合型の子嚢胞子が発芽して出芽増殖を行なう過程における接合型変化を示す。αとaはそれぞれの接合型を示す一倍体細胞、α／aはそれら一倍体細胞の接合により生じた二倍体細胞

ホモタリズム支配遺伝子群

サントリー社で発見した 2a：2 2n 分離を示す異常ホモタリズム株について、最初の論文を一九六七年にアメリカ遺伝学会の機関誌である Genetics に発表した。その結論は、ホモタリズムには、α接合型一倍体細胞を二倍体化する機能を持つ *HOα* 遺伝子と、この遺伝子と組み合わせると **a** 型一倍体細胞の二倍体化が起こる *HM* 遺伝子があり、サントリー株は *HM* 遺伝子の機能が失われた *HOα hm* 遺伝子型であるとするものであった。さらに、*HOα HM* 遺伝子型は *D* 遺伝子型と同等であることを、一九七〇年の Genetics 誌に発表した。すなわちサントリー株における *hm* 型遺伝子の検出により、*D* 遺伝子機能は *HOα* と *HM* の二個の遺伝子に支配されることがわかった。

これらの報告を行なった直後、イースト・ニュースレターの一九七〇年六月版で、スペイン国立農学研究所のサンタマリア博士が、サントリー株と同じ型の分離を示すホモタリズム株と一倍体分離株の接合型が α 型の 2α：2 2n 分離を示す株の存在を報告した。早速、原著論文と問題の酵母株（サッカロミセス・ノルベンシス種 *Saccharomyces norbensis* の一株）のご送付をいただき、サントリー株と合わせて改めて遺伝子分析にかかった。サンタマリアの論文では、これまでの *D* 遺伝子によるホモタリズムを Ho 型と呼び、2α：2 2n 分離型ホモタリズムを Hp 型、またサントリー株のように 2a：2 2n分離型ホモタリズムを Hq 型と称していたことから、以後はこの呼び方で述べる。

新来の Hp 株の栄養細胞には二倍体株と α 接合型の一倍体がある。これを以前の Hq 型のサントリー株についての研究で得た *MATa HOα hm*、*MATa hoα HM* および *MATa hoα hm* 型株と交雑した。これらサントリー由来株は、いずれも **a** 型の一倍体株であり、Hp 型の α 型一倍体株と混合培養を行なうことで容易に交雑できる。また Hp 型胞子×Hq 型 **a** 接合型一倍体栄養細胞の組み合わせで、胞子と細胞の直接接触による接合も顕微鏡下で行なった。こうして造成された雑種二倍体を四分子分析にかけ、それぞれの交配原株の遺伝子型について調べた。その詳細は省略するが、要点はさまざまな組み合わせの交配雑種に胞子形成させ、生じた個々の子嚢内の四胞子がホモタリズムであるかヘテロタリズムであるかについて調べ、ホモタリズム株であれば Ho、Hp あるいは Hq 型に区別し、ヘテロタリズム株についてはその接合型を決め、それらの分離形式を多くの子嚢について取りまとめ、その観察結果を最もうまく説明できる遺伝子型を帰納する方法である。このような解析を繰り返した結果、*HOα* 遺伝子は **a** と α いずれの接合型細胞の二倍体化にも必須な *HO* 遺伝子と、これと組み合わせて *MATα* 細胞の二倍体化を行なう *HMα* の二遺伝子に分割され、これまでの *HM* 遺伝子は *HO* と協力して *MAT***a** 細胞の二倍体化を行なう *HM***a** と読み替えるべきであるとわかった。

しかし、上記の結論そのままでは納得できない現象が観察された。**a** Hq×αHp の一倍体株間の交配雑種の減数分裂により、二種類の Ho 型ホモタリズム株が生じたのである。この交配株の遺伝子型を上記の遺伝子記号で示すと、*MAT***a** *HO hm***a** *HMα*×*MATα HO HM***a** *hmα* となる。この二倍体では *HO* 遺伝子座以外の三個の対立遺伝子がヘテロに組み合わされており、しかもこれら三遺伝子間では減数分裂時に組み換えが高頻度で起こり、*HO HM***a** *HMα* と *HO hm***a** *hmα* 型の胞子が容易に得られる。実験結果では、*MAT* 座の接合型がいずれであっても、*HO* ***hma*** ***hmα*** 型と考えられる胞子も *HO* ***HMa*** ***HMα*** と同じくHo型のホモタリズムを示す。***hma*** と ***hmα*** の両遺伝子を、それぞれ ***HMa*** と ***HMα*** 遺伝子の非活性な変異遺伝子と考えていた私には、この現象を説明するには、***HMa*** と ***HMα*** の遺伝子機能を持つ遺伝子が、それぞれ二個ずつ重複すると考えねばならなかった。たまたまこのことを考えていたところ、モスクワの工業微生物遺伝学研究所のナウモフ博士から英文の書簡とトルストリュコフ博士との共著論文の別刷りをいただいた。しかし、私には英文の手紙とロシア語で書かれた論文（短い英文要旨は付けられていたが）の意味するところがわからず、まことにナンセンスな内容のお礼を申し上げた。

なんとなくすっきりしない気分で、そのころカリフォルニア大学バークレー校で開催された、第一三回の国際遺伝学会議（一九七三年八月下旬）に出席した私は、その当時マサチューセッツ州、ブランダイス大学のハルボルソン先生の研究室へ留学していた高野氏と、久しぶりに会場で出会った。学会の暇をみて、酵母の染色体地図で著名なモーティマー先生の研究室を見学しようと、高野氏と雑談を交わしながらキャンパス内の小道をたどっていた。そのとき、たまたま彼があのロシア論文のことを話し始めたのである。それを聞くともなく聞いていた私の脳裏に突然閃くものがあった、というより、やっとロシア論文の意味がわかったのである。ナウモフは ***hma*** と ***hmα*** 遺伝子は活性を失った欠失遺伝子ではなく、***hma*** は ***HMα*** と同等の、また ***hmα*** は ***HMa*** と同等の機能を持つ遺伝子と考えたのである。この考え方なら、これまでの観察結果と矛盾しないうえに、新たに重複遺伝子を考えることもなく、前記の交雑から二種類のH_O型ホモタリズム株が生ずることが説明できる。まことに目から鱗の落ちる思いであった。ただ、ナウモフの結論は、二八個の子嚢について観察した結果であり、もっと組織的な確認が必要と考えた。そこで、帰国早々、当時大学院の学生であった原島俊君（現阪大教授）に命じて、研究室に蓄積していた四分子分析資料の再検討を行なった。その結果はまったく期待どおりであり、成果を一九七四年の Genetics 誌に発表した。その後の研究でも ***hma*** と ***hmα*** 遺伝子が不活性な遺伝子ではなく、優性な機能を持つことが確認された。さらにその解析を通して *MAT* 遺伝子座と ***HMa*** 間、また *MAT* と ***HMα*** の間にも連鎖を検出した。***HMa*** と ***HMα*** の間には直接の連鎖は検出されないから、これら二遺伝子は *MAT* 座と同じく第III染色体上で左右に別れて座を占めることになる。

遺伝子間の連鎖の検出と遺伝子座の決定を、減数分裂における組み換え頻度による連鎖分析に頼っていた当時にあっては、***HMa*** と ***HMα*** 遺伝子座の決定には新しい工夫が必要であった。なぜなら、連鎖分析を行なう対象が、***MATa/MATα*** と ***HMa/hma***（または ***HMα/hmα***）遺伝子座に加えて、位置決定の標準となる遺伝子符号についてもヘテロにマークした三遺伝子雑種となるからである。私たちはこの目的のために新しく計算式を考案し、第III染色体の左腕セントロメアより六四センチモルガンの位置に ***HMa*** 座を、右腕六五センチモルガンの位置に ***HMα*** 座を決定した。一九七六年のことである。

機能モデル

ホモタリズムの機構について、はじめのころには、*MATα HOα hm* 遺伝子型の細胞集団中の限られた細胞内で、**α**型細胞と接合するのに必要な**a**型の表現型を与える細胞質因子が生産されると考えたこともある。これは一九七〇年ころの通念として、遺伝子が規則正しく高頻度で変化するとは考えがたかったためである。しかし、間もなくこの考えを否定し、遺伝子レベルの変化を考えざるを得なくなり、いささか当惑したのが実情であった。その当時でも突然変異誘発遺伝子の存在は知られていたが、高頻度で規則正しく、しかも遺伝子に特異的に行なわれる酵母の接合型変換は、その例でないのは明らかであった。これに対してバーバラ・マクリントック女史が、一九五七年にトウモロコシの研究で報告した、遺伝子に特異的で転移可能な制御因子に強く魅力を感じた。さらに変異可能な遺伝子がショウジョウバエでも報告されたことにも力づけられた（今日では、これらの現象は酵母の性転換とはまったく異なるカテゴリーの機構によることがわかっている）。

研究の初期には、*HM***a** と *HMα* 遺伝子は *HO* 遺伝子と共役して、それぞれ**a**あるいは**α**接合型一倍体細胞を二倍体化する能力を持つと定義した。その後、一九七三年から一九七四年にかけて、前述の知見からマクリントック女史の提案したモデルに倣い、コントローリング・エレメント・モデル（Controlling element model）と称して以下の機構を提案した。二つの対立する接合型決定遺伝子 *MAT***a** と *MATα* は基本的には同じ構造を持ち、そこへ *HM***a** と *HMα* 遺伝子に由来する特異的な（核酸性の）因子が、*HO* 遺伝子にコードされるタンパク質に触媒されて挿入され、**a** または *α* 接合型遺伝子に分化すると考えた。*MAT* 遺伝子座には常にいずれかの因子が挿入されており、これが *HO* 遺伝子の働きにより、他の因子に差し替えられることにより接合型の変換が起こる。***HM*a** よりの因子が *MAT* 座に挿入されると *MATα* 遺伝子が形成され、***HMα*** よりの因子が結合すると ***MAT*a** となる。すなわち、***HM*a** からは *α* 型に特異的な情報が ***MAT*a** 遺伝子に送られて *MATα* に変換し、***HMα*** からは **a** 型情報が *MATα* 遺伝子に向けて出され、***MAT*a** への変換を行なう。このことを裏付ける証拠として、サッカロミセス・セレヴィシアエと交雑可能なサッカロミセス・ディアスタティカス（*Saccharomyces diastaticus*）の一株から発見された変換抵抗性の *MATα* 遺伝子（*MATα-inc* 変異遺伝子）がある。*MATα-inc* はゆっくりと **a** 型に変換された後、再度の変換を経て正常な *α* 型となり、以前の *MATα-inc* アレルは消滅する。また、*HMα* 遺伝子内に生じた変異は接合型変換を経て *MAT* 座に転移するなど、モデルを支持する多くの知見がもたらされた。こうして、***HM*a** と ***HMα*** 遺伝子の転写はその遺伝子座では抑制され、これらに由来する因子が *MAT* 座に送り込まれてはじめて特異的な接合型情報が発現することから、これらの ***HM*a** と ***HMα*** 遺伝子は、***MATα*** と ***MAT*a** 遺伝子のサイレントコピーと呼ばれるようになった。

その後、一九八〇年から翌年にかけて *MAT* 遺伝子と ***HM*a** および ***HMα*** 両遺伝子がクローニングされ、その塩基配列が調べられた。その結果、多少の違いはあるが、各遺伝子座の両端領域には、これら遺伝子間に共通した塩基配列があることがわかった。さらに ***HM*a** 遺伝子では、共通配列にはさまれた中央部に *MAT*α と同じ α1 と α2 タンパク質コード部が存在する。一方、*HM*α 遺伝子の中央部分には *MAT***a** と同じ **a** 型支配の **a**1 と **a**2 タンパク質コード部がある。ただし、**a**2 の具体的機能は現在も不明である。以上の結果から、*HM***a**（と *hm*α）遺伝子は α 接合型情報を持ち、*HM*α（と *hm***a**）は **a** 接合型情報を持つとする私たちの遺伝学的モデルの妥当性は広く認められることになった。そこで *HM***a**/*hm***a** 遺伝子座は第Ⅲ染色体左腕にあることからLを付記し、対立遺伝子をそのコードする情報にしたがって α または **a** を付記して *HML*α/*HML***a** と記述することになった。同じ染色体の右腕（R）にある *HM*α/*hm*α 対立遺伝子は *HMR***a**/*HMR*α と記述する。この改定記述法では、*HO hm***a** *hm*α 遺伝子型は *HO HML***a** *HMR*α と記述され、この型の細胞もサイレントな **a** と α の両接合型情報を備えており、Ho 型のホモタリズムを示すことが一見してわかる。これに対して、従来の *D* 型株の遺伝子型は *HO HML*α *HMR***a** と記述され、*HO HML***a** *HMR*α 株に対してサイレントコピー遺伝子の接合型情報が逆配置となっている。図4に、最も一般的な *D* 型ホモタリズム株の、第Ⅲ染色体上での *MAT* 遺伝子座と *HMR***a** および *HMR*α 遺伝子座の配列を示す。両サイレントコピー遺伝子より接合型情報を *MAT* 座に転送する役割を担う *HO* 遺伝子は第Ⅳ染色体の左腕にあり、この図には示されていない。

　Hp および Hq 型の株が生じた原因としては、その後の研究により以下の機構がわかった。図4に示すように、サイレトコピー遺伝子が、その遺伝子座で転写されることを抑制している四個の *SIR1*〜*SIR4* 遺伝子の支配するシステムがある。この遺伝子群のどの一つにでも欠失突然変異が起こると、

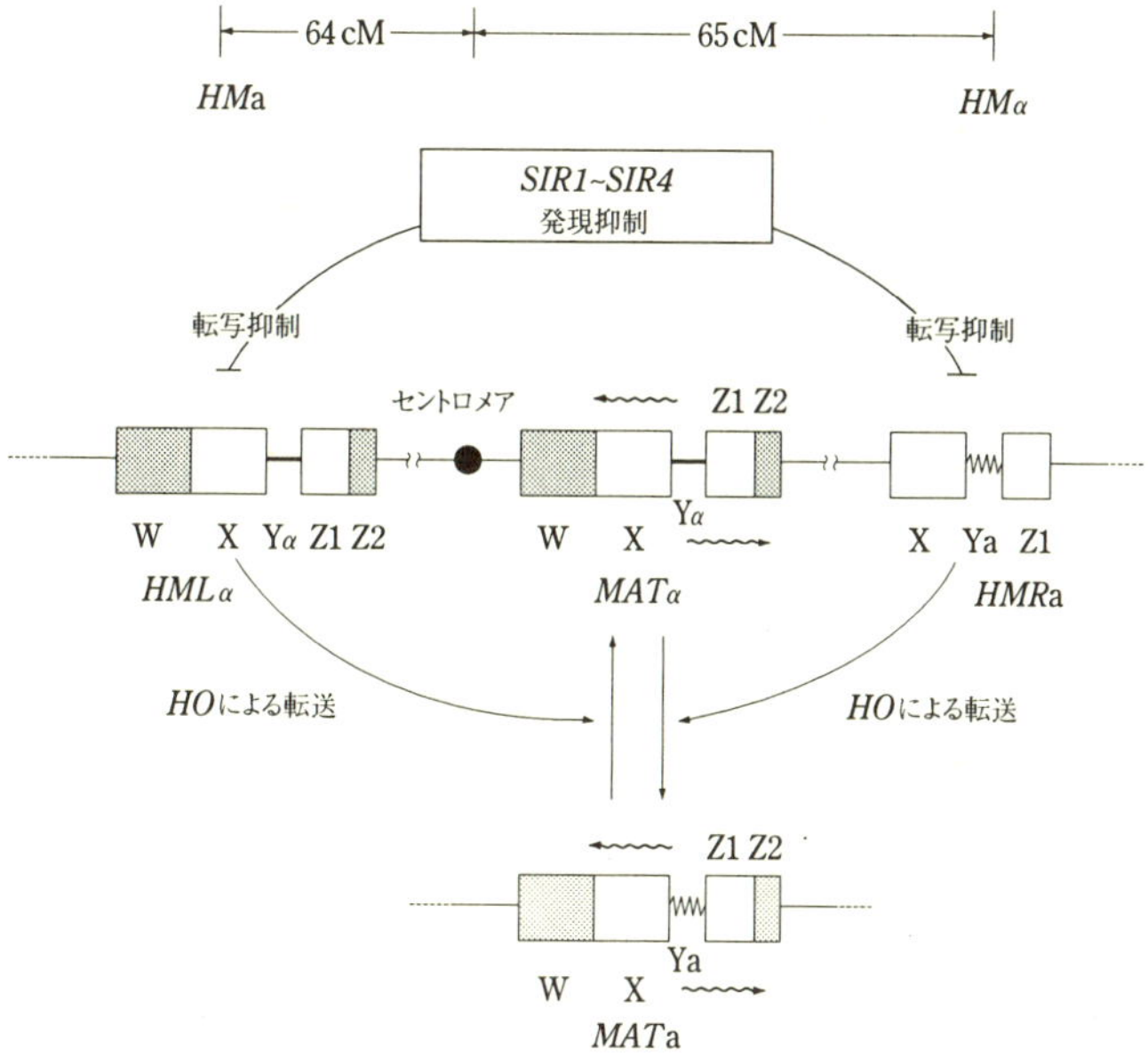

図4　接合型変換の機能モデル

第Ⅲ染色体上における接合型支配遺伝子座 *MAT* とそのサイレントコピー遺伝子である *HML* と *HMR* の遺伝子座を示す。W、X、Y、Z1 および Z2 にはこれら3遺伝子に共通な領域を示す。一般の*D*型（Ho）型ホモタリズム株は *HML* 座にα情報を、*HMR* 座にa情報をコードしている。接合型に特異的な配列はY領域にあり、Yα はα接合型の、Ya はa接合型の情報を担っている。*HML* および *HMR* の両遺伝子座では、別の染色体に乗っている *SIR* 遺伝子群がコードするタンパク質により、その位置での転写は停止されている。*HMa* および *HMα* はそれぞれ *HMLα* と *HMRa* の旧称である。cM（センチモルガン）は減数分裂時の組み換え頻度より計算した遺伝子間距離の単位。

サイレントコピー遺伝子座でも転写が起こり、そのコードする情報が発現する。さらにその転写と同時に*HO*遺伝子が機能すると、*MAT*遺伝子座の変換と同様にして、*HML*遺伝子から*HMR*遺伝子に、あるいはその逆方向にサイレントコピー遺伝子間で接合型情報が転移する。こうして左右両方のサイレントコピー遺伝子の担う接合型情報がともに**a**型となった*HO HML***a** *HMR***a** 遺伝子型株がHqであり、両サイレント遺伝子が*α*型となった*HO HMLα HMRα*型株がHpである。

サイレントコピー遺伝子から接合型情報を*MAT*座に転送する機能を持つ*HO*遺伝子については*MAT*遺伝子座内の特異的部位を認識し、その点で*MAT*座の二重鎖DNAを切断するエンドヌクレアーゼをコードすることがわかった。この酵素により複製前の*MAT*座の決められたところが切断され、その切断点から接合型情報をコードする部分が消化され、続いてサイレントコピー遺伝子を鋳型として消化部位の修復が行なわれ、その後で染色体の複製が進行する。その結果、サイレントコピー遺伝子のコードする接合型情報が*MAT*に転送され、これが母子両細胞に分配されることとなる。なぜ、出芽を経験した母細胞においてのみ、しかも染色体DNAの複製に先立って*HO*エンドヌクレアーゼによるDNAの切断が行なわれるのか、またいかにして*MATα*にはおもに*HMR***a**から、逆に*MAT***a**へは*HMLα*から選択的に情報移転が起こるのか、などについては目下の研究課題である。

この研究を振り返ってみると、さまざまな偶然の積み重ねである。突然変異株を分離することもなく、自然界より分離されたサッカロミセス・オヴィフォルミス、サッカロミセス・ノルベンシス、およびサッカロミセス・ディアスタティカスの三株がほぼ時期を同じくして私たちの前に現われたことが研究を可能にした(これら異種とされる酵母が、相互に、またサッカロミセス・セレヴィシアエと支障なく交雑できることから、現在ではその分類が改められている)。しかもそのうちの二株はスペイン原産である。これはしかし偶然ではなかった。そのころサントリー社ではさまざまな実用酵母株についての綿密な試験が繰り返されていた。したがって、このような知見が得られたのはサントリー社の研究員とサンタマリア博士の寄与が大きい。

それでは当初の興味であった高次倍数体の成因と育種の問題は如何であろうか。私たちの実験では、**a**/*α*二倍体株より体細胞組み換えにより**a**/**a**と*α*/*α*型の二倍体細胞を分離し、これより一倍体の**a**または*α*型株と同じく、ホモタリズムの機構による接合型変換と細胞間の接合を経て**a**/**a**/*α*/*α*型の四倍体株を得ることができる。いったんこの四倍体が、特にHpおよびHq型株で得られると、その減数分裂分離株中には、*α*/*α*と**a**/**a**型の接合能を持つ二倍体株が得られ、以後はそれらを用いた交配により、四倍体また三倍体育種を容易に行なうことができる。この方法によれば、接合型遺伝子座は**a**/*α*とヘテロとなるが、その他の染色体遺伝子を完全にホモに持つさまざまな倍数性株の造成も可能で、酵母の性格に及ぼす倍数性の効果についての研究に役立つ。こうした実験を通して高次倍数体の有用性は単に大型細胞であることによるのではなく、遺伝情報の多様性にあることを示唆する結果を得た。しかし、醸造酵母やパン酵母においては、具体的にどのような遺伝情報の多様性が有用なのかはいまだわからない。しかしながら、ホモタリズム機構を高次倍数体育種に応用することには厳しい制限がある。今日ではホモタリズムの機構に頼ることなく、野生型の実用株についても実施可能な細胞融合法、あるいは接合能付与法が私たちの別の研究で開発され、高次倍数体の構築は工業実用株を含む幅広い菌株について可能となっている。

この研究で得られた最大の成果は、遺伝子によっては規則正しく再配列が行なわれることの知見が得られたことである。このような現象は、今日では免疫遺伝子をはじめとして、眠り病病原虫のトリパノゾーマ、回帰熱病原菌のボレリアなどにおける抗原性変異など、多くの例が知られている。サッカロミセス酵母の接合型変換現象は、その典型的な例として多くの研究を呼び、ハースコヴィッチによるカセットモデルとして広く教科書にも紹介され、今日もなおその詳細な機構解明に向けての活発な研究が続けられている。

この研究の成果を原著論文として発表する際に、私は遺伝子変換現象が荒唐無稽なことでなく、前例のあることとして前記のマクリントック女史の研究その他を引用した。これが逆に機縁となり、女史のトウモロコシにおける古典的研究の真価が認識されることにもなったようである。一九八五年八月、私はコールドスプリングハーバー研究所で行なわれた酵母のミーティングに参加した。その途上、かつてカーボンデールの南イリノイ大学留学中に知り合った友人夫妻を、カリフォルニア州パルアルトのお宅に久しぶりで訪問した。そのとき、たまたま夫妻からいただいた一冊の書物がE・F・ケーラー著のマクリントック女史の伝記『A Feeling for the Organism : The Life and Work of

Barbara McClintock』であった。コールドスプリングハーバー研究所についた私は、その当時研究所でこの課題の研究に参加していたアーマー・クラー博士の誘いで、数少ない研究所の住人である女史を訪問し、アイデアを借用したことへのお礼を申し上げた。女史も私のことはよくご存じで訪問を喜んでくださった。ついでに当時、理学部生物学科に学んでいた娘への土産にと、前記の書物にサインをお願いした。しかし女史はそのようなことはまったくお嫌いで、しかも自分の著書でもない書物にサインするなどとんでもないとご機嫌を損ねてしまった。そのとき、傍らにいたアーマー・クラー博士から、女史のノーベル賞受賞講演を記録したサイエンス誌の別刷りにサインしてはと口添えがあり、機嫌をなおした女史は別刷りを取り出し、その一部にさらさらとサインをしてくださった。アーマー・クラー博士もついでに同様な一部をせしめたようであった。

参考文献

ここに述べた研究の理論的発展と意義については以下の文献に記述がある。

Herskowitz, I. and Y. Oshima. 1981. Control of cell type in *Saccharomyces cerevisiae* : mating-type and mating-type interconversion. In *The Molecular Biology of the Yeast Saccharomyces : Life Cycle and Inheritance* (ed. J. N. Strathern et *al.*), p. 181-209. Cold Spring Harbor Laboratory, Cold Spring Harbor, N. Y.

Herskowitz, I., J. Rine, and J. Strathern. 1992. Mating-type determination and mating-type interconversion in *Saccharomyces cerevisiae*. In *The Molecular and Cellular Biology of the Yeast* Saccharomyces : *Gene*

Expression (ed. E. W. Jones et *al.*), p. 583-656. Cold Spring Harbor Laboratory Press, Cold Spring Harbor, N. Y.

Fedoroff, N. and D. Botstein (ed.). 1992. *The Dynamic Genome : Barbara McClintock's Ideas in the Century of Genetics.* Cold Spring Harbor Laboratory Press, Cold Spring Harbor, N. Y.

Oshima, Y. 1993. Homothallism, mating-type switching, and the controlling element model in *Saccharomyces cerevisiae*, In *The Early Days of Yeast Genetics* (ed. M. N. Hall and P. Linder), p. 291-304. Cold Spring Harbor Laboratory Press, Cold Spring Harbor, N. Y.

酵母の遺伝学的解析法については次の著書にまとめた。

大嶋泰治　編著『生物化学実験法三九　酵母分子遺伝学実験法』学会出版センター　一九九六

付記

著者らは、大型細胞のビール醸造酵母（下面発酵酵母）が、*Saccharomyces cerevisiae* 種酵母の高次倍数体と考えて本研究をはじめた。しかし、一九七〇年頃より、これらビール酵母が *S. cerevisiae* とそれに近縁の酵母 *Saccharomyces bayanus* の間で自然発生的に生じた細胞融合雑種と示唆され、近年のゲノム解析でこれが確認されている。

〈コラム〉
パンタナール受難紀行

宮治　誠

パンタナールはブラジル、ボリビア、パラグアイの三国にまたがる、面積約二三万平方キロ、日本がすっぽりと入ってしまう世界一の大湿原地帯です。そこには多種多様の鳥や動物が集い、川や沼には魚があふれ、川岸にはメガネカイマン（ワニの一種）が寝そべり、まさに自然の宝庫として知られています。今回、この大自然を満喫すべく三泊四日の予定で、マット・グロッソ州クイアバ空港に胸をときめかせ、タラップを降りていきました。季節は冬でありながら強い日光が降りそそぎ、約五〇メートル先に中程度の空港の建物がポツンと建っています。

空港出口に向かうと中年の二人の小柄な日系の男女が私の名前を高く掲げ、迎えにきているのが目に入りました。女性の方がガイドで、ヤマウチさんといい、年は五〇歳前後、サンパウロの大学を出て結婚、最近ご主人を亡くし、生まれ故郷のクイアバに帰省したとのこと、見るからに融通のきかなそうなオバサンでした。男性はヤマシタさんといい、ガイドのオバサンと小学校の同級性で、聞けばほんの数日前、百姓をやめ（ブラジル農業の不振のため）、旅行会社に運転手として採用されて、今日が初仕事とのこと、何かイヤーナ予感がしてきました。

ヤマシタさんの運転は荒っぽく、はじめての道にもかかわらずフォルクスワーゲンをすっ飛ばしていきます。ガイドのヤマウチさんが震え声で「おさえて、おさえて」と助手席からささやきますが、すぐに九〇〜一〇〇キロになってしまうのです。原野の中を一直線に舗装された片道一車線の道路はところどころ大小の穴が開いており、そこを時速八〇キロ以上でキッ、キッ、キーとタイヤを軋ませながら急ハンドル、急ブレーキでかろうじて穴を避けつつ驀進（ばくしん）していくのです。その都度車は大きく腰をふり、後部座席で歯をくいしばり、右手は窓の上にある取っ手をしっかりとつかみ、両足をふんばっている私の身体は大きく振り回されます。ときには穴を避けきれず「ドーン」という音とともに身体は飛び上がり、いやというほど頭を天井に叩きつけられます。ヤマウチさんは震え声で「おさえて！　おさえて！」というのみで、風景など説明する余裕などありません。走ること一時間、やっとパンタナールの入り口の街ポンセに到着しました。ここで量だけが自慢の油をタップリと使ったブラジル風の昼食を取り、すぐに出発、いよいよパンタナールへ入っていくのです。しかしここからは、先程のドライブとはくらべものにならない試練が待ち受けていたのです。車はバリバリと小石をはね飛ばし、モウモウと赤土を巻き上げ、時速四〇〜六〇キロで走りはじめました。ヤマシタ運転手は初仕事、加えてはじめての道で目が吊り上がり、穴を必死に避けながらハンドルにしがみついています。それならもう少し速度を落とせばよいものを、物に憑（つ）かれたようにアクセルを踏み続けるのです。

　道は湿地帯の中に土を盛り上げて造り上げたもので、泥濘（でいねい）がそのまま固まり、タイヤの跡が深くえぐられ、これが道路かと思われるほど、物凄いデコボコ道で、車が突っ込むたびに座席から放り投げられます。ガッ！　ザッ！　ズッ！　バリバリ！　ドスン！　「ガッ！」という音はバンパーと前輪が泥の壁にぶち当たる音、「ザッ！

パンタナールで見られる板の橋。右側に大きな穴が開いている。

ズッ！」は床を地面にこすりつける音、「バリバリ！」は小石がぶち当たる音、「ドスン！」は穴にもろに突っ込んでしまったときの音です。もう沼沢地に入っているため、ところどころに橋がかかっています。しかし、橋とは名ばかりで、まず長い板を縦に渡し、この上に一～二メートルの間隔で横板をおいてからさらに上に車のタイヤ幅に合わせて縦に板を渡してあるというきわめて原始的なものです。しかし見た目とは異なり、なかなか頑丈で、このような地域に架ける橋としては最も合理的と思われます。ただし、重量トラックをはじめとして、さまざまな車が通るため、板はところどころ折れ、穴が開き、これでよく車が下の沼沢地に落ちないものだと、恐怖を通りこして感心する始末でした。

　このような橋を五、六ヶ所通過すると、前方で一五、六人の人だかりがしており、なんだろうと近づいていくと、橋の中央で荷物を積んだトラックが右後輪を穴に落とし、立ち往生しているのでした。七~八人の屈強な男たちがジャッキで車体を持ち上げ、なんとか穴から脱出させようとしていました。聞けば四時間ほど前から悪戦苦闘しているとのこと。めずらしく屈強な男達がいたのは、彼らは州の職員で、橋を修理していたところくだんのトラックがやってきて、もう少しで修理が終わるから待つようにといわれたのにもかかわらず「急ぐから待てない!」と強引に渡ろうとして後輪を穴に落としてしまったとのことでした。橋の上であまりにも騒ぐのでメガネカイマンも驚いたのか水中には一匹も見当たりません。二人の男が膝まで水につかり材木を川床に突き当てて橋の土台を強化しています。岸の両側に四、五台、足止めをくった車があり、乗客ももう慣れっこになっているのか、彼らの作業をポケーと見物しています。車は幸い一時間後に無事穴から脱出できました。

日本にいるとき、パンタナールは自然の宝庫で、種々の動物(特に鳥)や魚が満ち溢れていると聞かされ、それこそ、パンタナールにいけばこれらの生き物をかき分けていかねばならぬような風景を想像していたのでしたが、実際にはメガネカイマンは多数観察できたものの、鳥やそのほかの動物となるとそうはいきません。それも当然でしょう。日本の一・五倍の広大な湿地帯なのだから、いたるところに生物が群れているわけがありません。「止めて! ほらあそこに白鷺が」というガイドの声で眺めると、一本の大きな木に一〇~一五羽の白鷺が羽を休めており、またしばらくいくと二羽のペリカンが、五〇〇メートル以上離れたところにコウノトリと、それこそポツンポツンと見られるのみです。バードウォッチングの趣味のない私は退屈を通りこして、だんだん馬鹿馬鹿しくなってきました。我慢我慢の四時間後、やっと前方に比較的大きな川が見えてきました。

メガネカイマン

およそ五〇メートルはあろうかという、ところどころに大小の穴が開いた仮設橋を渡ると、右手に平屋の比較的大きな建物が見えます。これがこれから私の泊まることになるホテル（山小屋？）です。

鍵をもらい部屋に入ると、粗末な木のベッドが二つと、トイレ、シャワー室がありました。お湯が出ると聞いていましたが、ほんの温もりを感じる程度で、夕方になると急に冷え込むため、裸になるとそれこそ震え上がります。タイルの床はぬるぬるして滑りやすく、こんなところで滑って骨折でもしたらたいへんと、注意して周囲を見渡すと、五〇平方センチくらいのゴム製のマットが目につきました。滑らぬようにとこのマットを足場に置きなおし、用心してその上に立ったとたんマットはツルッと滑り出しました。「しまった！」と思った瞬間、「ガツン」という音とともに後頭部をいやというほどコンクリートの壁に打ちつけてしまいました。とっさにかばったのでしょう、右肘もいやというほどトイレの腰掛に打ちつけられていました。一瞬、「頭の骨が折れた！」と閃いた後、しばらく意識を失ったようです。

「大丈夫か?」激痛の中でソーッと左手で後頭部に触れてみました。骨は折れてはいないようです。ただ右肘が猛烈に痛くて、ピンポン玉くらいに腫れ上がっていました。三〇分くらいそのまま横たわっていたのでしょうか、やっと起き上がることができました。マットを調べて見ると、底がヌルヌルで、これではまるで氷の上にスケートで立ったような状態です。とにかくシャワーを浴び直すことにし、癪に触ったので今度はホテルの薄汚れたタオルを四つにたたみ床に敷いてガッチリとした足場を作ってから震えながらシャワーを浴びた次第です。

七時に食堂へいくとヤマウチ、ヤマシタ両名が待っていました。食事はバイキング形式で料理はいずれも大雑把、肉の大きな塊を煮たものをメインに、ジャガイモとベーコンの炒め物、サラダ、果物、インディカ米のご飯など、まったく味があるのかと思われるほどまずいものでした。とにかく「アンタークティカ（ブラジルでもっとも一般的なビール）」で食事を流し込みます。お客は結構入っていて子供連れも多く、皆おおいに楽しんでいるようです。しかし、頭の中では「とんだところに来てしまった」「時間がもったいない」「また明日も苦行が待っているのか」という思いが巡って憂鬱でした。

ビールで少々顔を赤くしたガイドのヤマウチさんがいろいろと私に話しかけてきます。「ねえ先生、私は三ケ月前、S県の農協の人たちを三泊四日でガイドし、クイアバ市（州都）に戻ったんですけど、それからナイトクラブに案内してくれといわれて往生しました。女の私にそんなルートがあるわけないでしょう。でも、要求がきついので、八方ってを探してやっと皆様を満足させました よ」と、暗に日本人の品行の悪さを私に責任があるかのように訴えてきます。私も一瞬「とんでもない人たちだ。だから日本人は外国人に馬鹿にされるのだ」と相槌を打ちかけましたが、「待てよ、彼ら農協の人たちは、日本でパンタナールの自然の美しさをさんざん吹き込まれ、期待に胸をふくらませてブラジルくんだりまでのこのこやってきた挙げ句に、目にした湿地は、彼らの田舎の風景を大きくしただけで、鳥たちも遠くにまばらに見えるだけ、何を好んで大金を使ってわざわざこんな悪路に耐え、まずい食事を取りにきたのか」と、怒りと後悔がないまざり、そのような要求となったのであろうと理解し、心中おおいに同情したものでした。

先程の事故もあり、早めに食事を切り上げて部屋に戻りました。とにかく今夜は安静にしようと、ズキズキする右肘と後頭部、悪路で疲れきった身体を毛布一枚のベッドに横たえました。さんざんな一日でしたが、とにかく自動車事故や骨折がなかっただけでも運がよかった、あと二日の辛抱だと、自分に言い聞かせ、観光にきたことも忘れて、それこそ修行僧になった心境で自らを慰めて浅い眠りに落ちていったのです。

（「Medicament News」（1995.5.25）に加筆、転載）

先祖の知恵の偉大さに驚く　ぬか床の研究から新菌の発見へ

石崎文彬

小倉小笠原藩伝来のぬか床との出会い

私が江戸初期以来三〇〇年以上にわたって使い続けられていると信じられているぬか床に出会ったのは、民間企業から九州大学に転じてまだ間もないころであった。福岡市のあるテレビ局から、「小倉にイワシのぬか味噌炊きという料理があって、これがなかなか健康によいという。なんとかビジュアルに見せることができないか工夫してほしい」という相談が持ち込まれたのである。小倉北区の佐藤さんというお宅で、私ははじめて小倉小笠原藩伝来という（持ち主の話だけで、箱書きの類いの記録はない）ぬか床と出会う機会を得た。そのときは、これがその後の私の中心的な仕事になったバクテリオシン研究のきっかけになるとは思いもしなかった。

それからしばらく経って、今度は別のテレビ局から福岡市内にぬか味噌漬けのおいしい店があって評判だという、その番組制作に協力してくれないかという相談であった。聞くと、これも小倉小笠原藩伝来のものであるという。同じころ、発足間もない乳酸菌研究集談会で森永製菓研究所の今井氏のぬか味噌漬けのフレーバーに関する研究を拝聴する機会があり、そのぬか床の由来を尋ねたところ、これも川崎市に伝わる小倉小笠原藩伝来のものであるということであった。

私は、これら古いぬか床にはその由来を証明する科学的証拠はないものの、すべてが小倉小笠原藩伝来のものであると言い伝えられているのには何かがあるにちがいないと考えるようになった。そのぬか床が伝聞どおり三百有余年間も腐らずに伝えられてきたかどうかは別にして、現在の持ち主の記憶を尋ねれば、その方の母親、おばあさん、そのまたおばあさんとさかのぼって先祖代々伝わっている古いものであることは間違いない。また、全国何ヵ所かに伝わる古いぬか床が、持ち主の語る伝聞によればすべて小倉小笠原藩伝来であるといわれているのもまた不思議なことである。これら持ち主は小倉小笠原藩のぬか床から種を別けてもらって以来大切に養生していると話される。おそらく、かつて小倉小笠原藩によって腐らないぬか床が調整された事実があって、その評判が広く市民に広がったためにこのような伝聞ができたのではないかと考えられる。

これら古いぬか床の持ち主は、皆一様に「わが家では先祖代々ぬか床の手入れには細心の注意を払っています」と言われ、いかに注意深く取り扱うかその手本を示される。しかし本当に細心の注意だけが、つまり伝承される操作マニュアルだけが、長い間コンタミネーション（雑菌による汚染）に犯されなかった理由なのであろうか？　私はそうではあるまいと考えた。代々忠実に躾（しつけ）を守り、年長者の教えに忠実な娘ばかりが続いたとは考えられない。きっと長い間腐らずに養生されてきたぬか床にはそうなる科学的な仕組みがあるに相違ない。最初はおぼろげな疑問だったものがやがて確信となった。その仕組みは、ぬか床に棲み着いた乳酸菌の生産するバクテリオシンによってもたらされているのではないかというのが私の考えであった。乳酸菌の中にはバクテリオシンと呼ぶ抗菌物質を生産するものが存在する。もしこのような菌がぬか床にいるとするならば、この菌によって生産されるバクテリオシン、すなわち抗菌物質によって、悪い菌が淘汰され、よい菌のポピュレーションが相対的に増加し、かくしてぬか床のミクロフローラがいつもよい状態に維持される。そのような天然のフローラ維持機構が存在しているのではないかという仮説である。しかも、そのバクテリオシンは、抗菌スペクトルの比較的広いランチビオティック（ランチオニン、デヒドロアラニンなどの異常アミノ酸を含む抗菌物質の総称。一九九二年にドイツのサール博士によって名づけられた、新概念の物質群）であることがより望ましい。小笠原藩伝来といわれている古いぬか床には、バクテリオシンを生産する乳酸球菌が棲み着いているにちがいない。かくして、私の古いぬか床からのバクテリオシンを生産する

図1　小倉名物イワシのぬか味噌炊き

乳酸球菌探しが始まった。

ぬか床から乳酸球菌の分離へ

ぬか床に乳酸菌がドミナントとして存在していることはよく知られている事実である。しかし、普通の分離法で乳酸球菌の分離を試みても、得られてくるものは百中百が乳酸桿菌であった。バクテリオシンを生産する球菌などはまったく得られなかった。数年間の試行錯誤の間、このような徒労の研究を卒業論文のテーマに与えられて、一年間を棒に振ったと卒業時に泣く学生も出る始末で、何度かあきらめかけたが、あるとき卒論でこのテーマをやっていた学生の思いもかけない逆転の発想があって、ついに桿菌、球菌混在する中で球菌を選択的に生き残らせる方法を発見した。それは、分離源であるぬか床に純水を添加し、そのまま放置しておくというものである。つまり微生物の棲む環境を極端な飢餓（きが）状態に置くのである。それによって、驚くべきことに、乳酸桿菌が先にへたばって、菌数が減少し、意外にも乳酸球菌がしぶとく生き残り、結果として球菌を釣り菌できるようになるということがわかった。それまでは、培地組成を工夫し、培養条件を変化させて球菌が増殖できるような選択圧を与えてみたが、ことごとく失敗であった。球菌にとって望ましい培地培養条件は、すべて桿菌にとっても望ましいものであったからである。飢餓状態という選択圧のかけ方はまさに逆転の発想であった。これは、われわれの貴重なノウハウとなってその後の乳酸菌分離法に生かされている。

このような突破口があって、実験を開始してから三年あまりでついに小倉小笠原藩伝来の床と信じられている佐藤家保存のぬか床からバクテリオシンを生産する球菌、新菌ISK-1を分離することに成功した。私の頭文字（I）、ぬか床の保有者佐藤さんの頭文字（S）、そして逆転の発想で見事菌の分離に成功した学生（熊井君）の頭文字（K）を取ってISK-1と名づけたのである。期待どおりというか、実際にそうだとわかったときには、本当にそうかと信じられないような驚きを伴ったが、この菌が生産するバクテリオシンはランチビオティックであった。「ペディオシンISK-1」と名づけた新物質で、すでに簡単な報告は発表している（Biosci. Biotech. Biochem. 61（6）, 1049, 1997.）。さらに近いうちに遺伝子の配列と化学的解析の両方からこのペプチドの全アミノ酸配列を決定し発表できるものと考えている。すでに遺伝子のクローニングを終わり、塩基配列の解読が進んでいる。

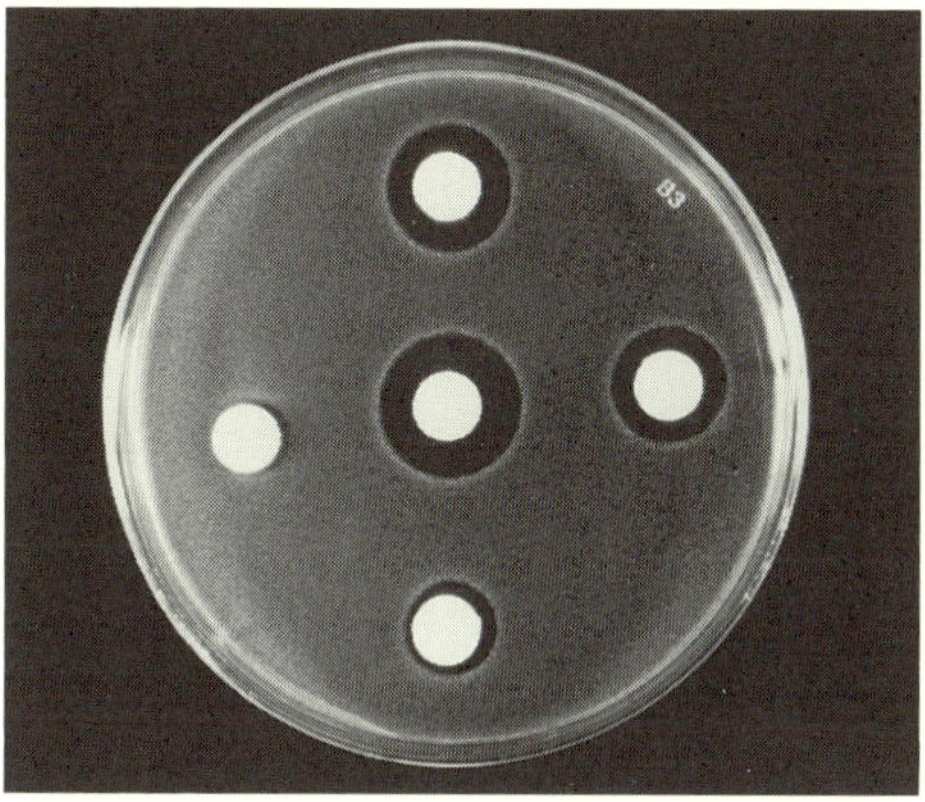

図2　ペディオシン ISK-1 の作る阻止円

分離した菌をとりあえずペディオコッカス属に位置づけたのだが、それは、顕微鏡観察などの一般的な形態観察に加え、DND—DNAハイブリダイゼーションによってペディオコッカス・ダムノサス *Pediococcus damnosus* との間に約六五%程度の相同性が確認されたことによるものである。しかし、ペディオコッカス・ダムノサスにはバクテリオシン生産菌は知られていない。ペディオコッカス属でバクテリオシン生産が知られているのはペディオコッカス・アシディラクティシ *Pediococcus acidilactici* とペディオコッカス・ペントサセウス *Pediococcus pentosaceus* であるが、しかし、これらの菌が生産するバクテリオシンはランチビオティックではなく、異常アミノ酸を含まない普通のペプチドである。ランチビオティックを生産するペディオコッカスの発見は、われわれのものが世界で最初である。さらに、この菌は、乳酸菌とするならば驚くべき性質を持っていることがわかった。すなわち、ヘムタンパクのカタラーゼを保有していたのである。読者諸君はよくご存じのとおり、乳酸菌の定義によれば、乳酸菌はカタラーゼ陰性である。われわれは、この菌のカタラーゼの単離精製に成功するとともに、その遺伝子のクローニングを終了し、バクテリオシン同様現在精力的に塩基配列の解読を行なっており、この書が出版されるころには、発表できるのではないかと考えている。しかし、この菌が間違いなく乳酸菌ペディオコッカスに属すると結論づけるには、まだ相当の分子生物学的視点からの分類学上のデータ蓄積が必要であり、しばらく時間のかかる仕事となろう。ところで、なぜ、この菌が真性カタラーゼを保有しているのかである。これに関して、私は仮説として、おそらくぬか床をかき混ぜることと関係しているのではないかと考えている。ぬか床のよい状態を維持するには、一日一回よくかき混ぜることであるといわれている。このことで、微好気環境が形成される。この環境に菌が適応して生きていくのにはカタラーゼが必要である。または、このような環境に適応できる、カタラーゼを持つ乳酸菌のみが生き残ることができる。このような理由で ISK-

1菌が生き残ったのではないか。この仮説が正しいとするならば、ISK-1菌は微好気性環境に適応できるように変化してきた菌であるから、強いSOD活性を持っている可能性がある。現在、研究中であるが、このように新菌ISK-1菌に関する夢はふくらむばかりである。

メバロン酸の働き

さて、この本のテーマはカビ、酵母に関することであった。新しい乳酸菌のバクテリオシンやカタラーゼの話がやや長くなったが、この菌とカビや酵母とのかかわりあいに話を進めたい。分離した新菌ISK-1は、普通の栄養培地ではたいへん生育速度が遅かった。また、一般にぬか床のようなヘミセルロース基質が主である培地に定着している乳酸菌は、ラクトーズオペロンが退化しているのか、牛乳培地にはほとんど生育できない。反面キシロース資化能には優れている。キシロース資化能に優れているという特徴は、将来の発酵には有利な点となる。欧米のように乳酸菌の分離源を乳製品や乳関連品に求めている場合、ラクトーズ発酵能の強い菌は得られても、キシロース資化能に優れた菌を得ることはできない。したがって、いままで、欧米で分離された乳酸菌でキシロース資化能の強い菌はほとんど得られていない。一方、わが国の乳酸菌生育環境は、ぬか床だけでなく、酒、醬油、味噌いずれもヘミセルロースを多く含む環境になっている。ぬか床から分離した乳酸菌はその多くが強いキシロース資化能を有していた。将来、農産廃棄物を発酵原料にして化学品を生産することを考える場合、われわれの分離したキシロース資化能の強い菌は貴重な遺伝子資源となるものと考えられる。話がふたたび脇道にそれたが、ISK-1菌は天然栄養培地ではたいへん生育速度が遅いが、このように一般的なあらゆる栄養素を含む培地で生育がたいへん遅いという菌が、栄養的にはとても豊富とは思えないぬか床に定着できるものかどうか、疑問が持たれる。バクテリオシン生産菌を分離できたといっても、ぬかに生育できないようなこの菌が、ぬか床の保存に貢献することができたのかどうか疑問が持たれた。実際、学会で、この菌の分離の発表を行なったときも、ある先生から、増殖速度の遅い菌がぬか床のドミナントとして存在し得たと考えることはできないのではないかと指摘された。ぬか床の長期安定に貢献したとするならば、ぬか床で活発に増殖することが可能でなければならない。ISK-1菌が古くから伝わるぬか床から分離されたことは事実である。そこで、私はこの菌に特定の増殖促進因子があるのではないかと考え、その探索を行なうことにした。乳酸菌は一般にアミノ酸要求性を示すことが知られているので、味液（大豆タンパク加水分解液）や醤油の添加効果を調べたところ、特に味液に顕著な効果が認められた。単品のアミノ酸を混合して味液に含まれるアミノ酸組成とまったく同じにして培養試験を行なった結果、アミノ酸混合液は味液にはるかに及ばなかったので、味液に含まれるアミノ酸以外の増殖促進因子があるものと考えられた。いろいろ探索した結果、この菌はメバロン酸に対し強い増殖促進効果を示すことを見出した（Biosci. Biotech. Biochem., 61 (4), 604, 1997.）。

メバロン酸は田村学造先生によって発見された火落ち菌に対する増殖促進因子で、酒の保存性を悪くすることで知られる。田村先生がこの物質を火落ち酸と命名し発見された当初は、火落ち酸は酒麹の産物として麹のなかに含まれるものと考えられていた。しかし、田村先生の発見とほとんど時を同じくして、メルク社のフォーカースらが、ウイスキー蒸留残渣(ざんさ)からの酢酸代替因子として単離し、化学構造を決定し発表していたメバロン酸と火落ち酸は同じ化学物質であると結論された。麹菌をまったく使用しないウイスキーの工程からメバロン酸が発見されたことから、メバロン酸は麹菌からだけ生産されるものではないことがわかる。しかし、清酒のメバロン酸は主として麹によって生産されると考えられていて、最近ではメバロン酸を作らない変異株が清酒醸造に使用されている。

さて、ISK-1菌に対するメバロン酸の効果は、真性火落ち菌ラクトバチルス・ホモヒオチ *Lactobacillus homohiochi* に対するものとはたいへん異なっている。真性火落ち菌の増殖は、メバロン酸に対して効果を示すと同時にエタノールによっても促進される。北原覚雄先生によって発表されたこの結果によって、メバロン酸要求性菌は、同時にエタノール要求性もあると考えられている。しかし、われわれの分離したISK-1菌はメバロン酸によって顕著に糖消費速度が促進され、発酵速度が増進したが、エタノールに対しては顕著な阻害効果を示した。この点で、ISK-1菌のメバロン酸に対する効果は真性火落ち菌ラクトバチルス・ホモヒオチに対するものとはまったく異なるものである。

さて、周知のようにメバロン酸は日本酒に含まれる。そこで、ISK-1菌に対する日本酒の添加効果を調べたところ、試験した日本酒のすべてに対して顕著な発酵促進効果を確認した。しかし高濃度の日本酒を添加した場合は効果が減少した。これはエタノールの阻害効果によるものであると考えられる。試験した日本酒の中では、特に山廃酒母仕込みの酒においてたいへん強い効果が認められた。その効果が蔵の醸造法の特徴によるものか、山廃酒母仕込みと速醸仕込みとの違いによるものかを確認するため、同じ蔵の山廃仕込み酒と速醸仕込みの吟醸酒との比較を行なったが、山廃仕込み酒において顕著な発酵促進効果を確認した。また、この山廃仕込み酒に含まれるメバロン酸の活性をラクトバチルス・ホモヒオチと ISK-1 菌を用いてバイオアッセイした。その結果、山廃仕込み酒にはラク

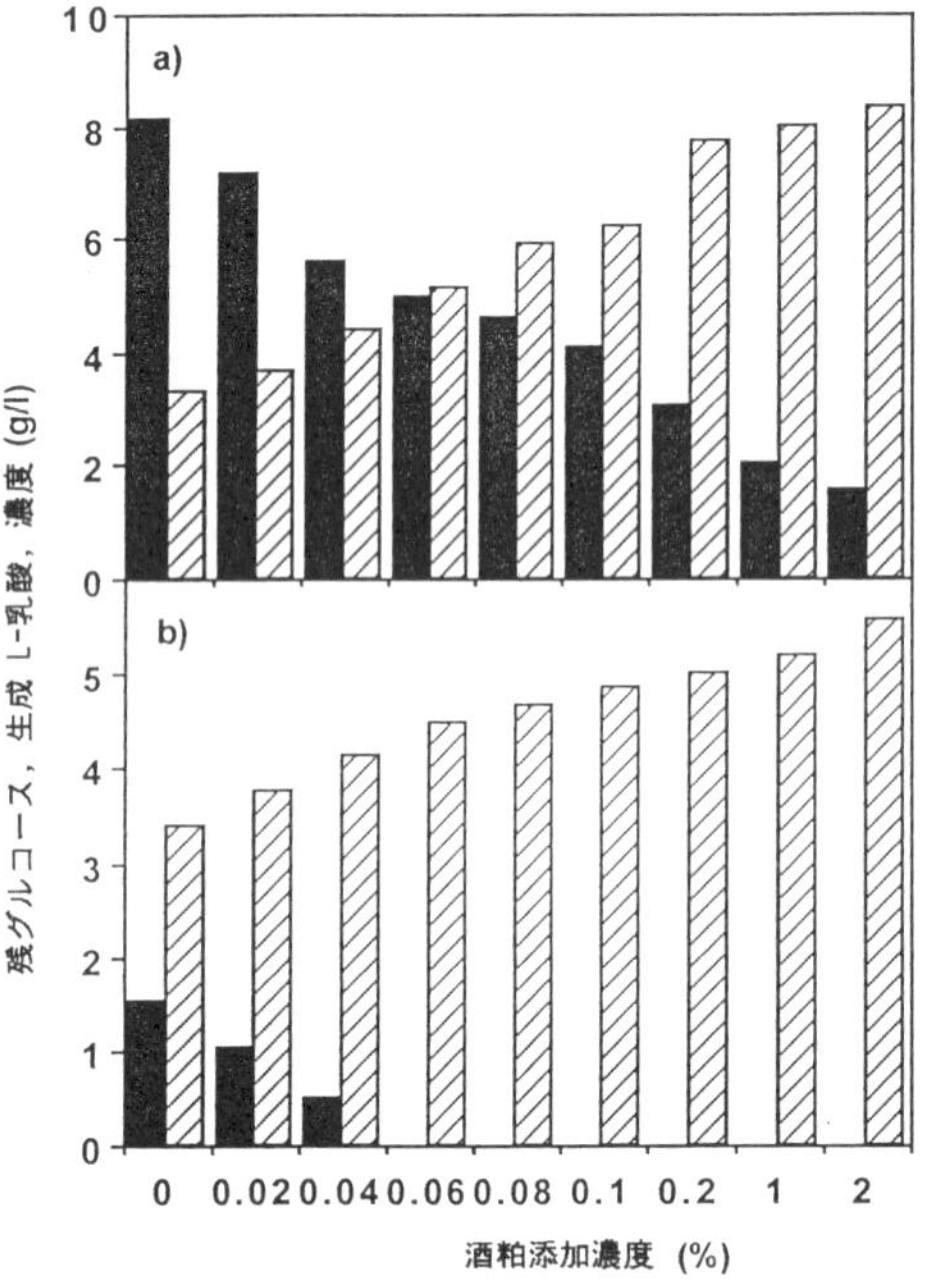

図 3　山廃酒母仕込みの酒の酒粕が ISK-1 菌の増殖、発酵速度を推進する効果 ■ は培養24時間後のグルコース濃度、▨ は乳酸濃度を示す。
上段 a）は田村培地を基本とする合成培地、下段 b）は天然栄養培地、でのフラスコ培養試験結果を示す。

トバチルス・ホモヒオチを検定菌とした場合は酒一ミリリットルあたりメバロン酸に換算して約二ミリグラムの活性が、ISK-1菌を検定菌とした場合は酒一ミリリットルあたりメバロン酸に換算して約七ミリグラムの活性があることが判明した。このように、ぬか床から分離したISK-1菌はメバロン酸に対し顕著な効果を示したが、エタノールに対しては強い阻害効果を示した。この結果から、最初のぬか床の調整にあたって添加した菌の増殖を促進するための添加物は、エタノールを含まない酒粕で（江戸時代はすべて山廃酒母仕込みであった）、この酒粕がメバロン酸供給源となった（もちろん、江戸時代にメバロン酸は知られているはずがなく、したがってメバロン酸を供給しようという目的があったはずはないが）のではないかと推察した。そこで、先の試験で強い効果を示した山廃酒の酒粕を求めISK-1菌に対する効果を調べたところ、メバロン酸とまったく同様の強い発酵促進効果を確認できた。また、バイオアッセイによって山廃酒母仕込みの酒一ミリリットルに含まれるメバロン酸と山廃酒母仕込みの酒粕一グラムに含まれるメバロン酸が等価であることがわかった。酒粕はエタノール阻害効果が発現しないので、ISK-1菌の培養に酒粕を用いれば、メバロン酸の純品を用いたときとまったく同じ効果が得られる。

ぬか味噌漬けが支える腸の健康

現在、小倉城内博物館に展示されている小倉藩小笠原家伝によれば、小笠原藩主小笠原忠真公が約三六〇年前にはじめて優れたぬか床を調整され、それが今日まで伝わったという。人形を使って当時の城内の食生活を表現した情景にはぬか味噌漬けを供する様が含まれている。しかし、このような歴史的な展示があるにもかかわらず、科学者小笠原忠真公は彼の実験ノートをいっさい残していない。箱書きの類いも残っていない。したがって小笠原藩伝来のぬか床の話はあくまでも伝聞であって、これを科学的に証明できるものは残念ながら何もない。しかし、これらの資料や全国に伝わる伝聞から、私は、殿様自らが研究し、すばらしいぬか床の調整法を発見されたかどうかは別にして、小倉城内で、厨房を担当する者などが工夫の末にすばらしいぬか床を作った可能性は大きいと考えたい。そしてそれが評判となったと同時に、その一部が今日に伝えられたと考えることは、たいへん夢のあることではないだろうか。

では、その小倉小笠原藩のぬか床とはどのようにして作られたのか。バクテリオシン生産菌 ISK-1 菌の存在が、古い昔に作られたぬか床を腐らせないで今日に伝えた原因であるという仮説に従うとして、ではどのようにして栄養培地では生育しにくいこの

図4 八坂神社

菌をさらに栄養的に劣るぬかの中で増殖させることができたのであろうか。それは、ぬかの組成、つまり、培地組成を工夫し、（それは科学的実験などで得られた結果に基づくものではなく、単に偶然の産物であったかもしれないが）その組成が選択圧となって ISK-1 菌をぬか床の中で増強することができたのではないかと考える。その培地組成とは、ぬかに、山廃酒母仕込みの酒粕、醤油、塩を配合したものではなかったか。酒粕がメバロン酸の供給源となり、醤油はアミノ酸の供給源となったのであろう。塩の添加は ISK-1 菌が比較的高い食塩濃度でよく増殖する特性を示すこと、また醤油や味噌の醸造では、高濃度の食塩を添加することを参考にして、ぬか床の作成に食塩を添加したのであろう。実際、栄養培地に酒粕二%、醤油五%、塩八%を添加した培地では ISK-1 菌の増殖、基質消費速度はともに増殖速度の大きな優れた乳酸菌とまったく遜色(そんしょく)はない。

テレビ番組の制作の相談から思いもかけず古いぬか床に巡り会い、最初は素朴な疑問と、ふとした思いつきからだんだんのめり

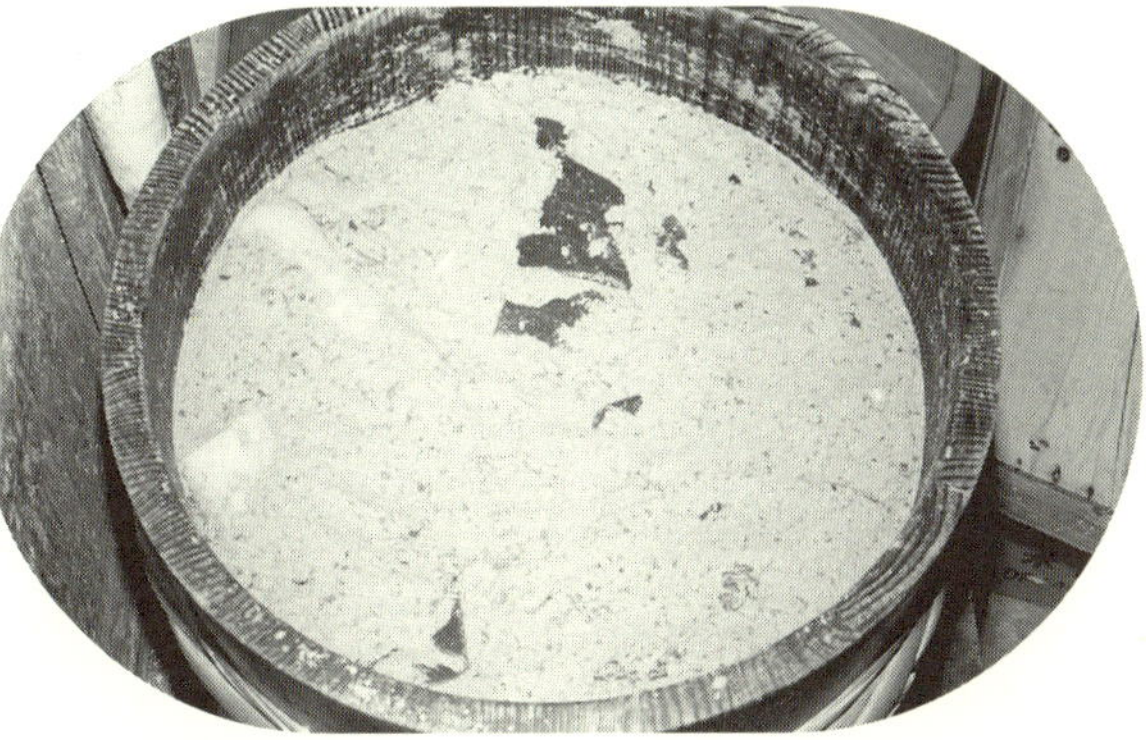

図5　八坂神社に伝わる小笠原忠真公調製のものとされているぬか床

図6　乳酸菌の作るバクテリオシンは悪玉菌の増殖を抑え、健康な腸を作る。

込んでしまい、新菌の発見や新物質の発見につながった。そもそもの端緒は、イワシのぬか味噌炊きがなぜ健康によいのかというテレビ局の質問であった。その答えを今ようやくはっきり言うことができる。それは、腐らずに長く伝わった古いぬか床に棲み着いた、バクテリオシン生産菌の生産する抗菌物質による、腸内フローラコントロール機構にあると考える。すなわち、イワシのぬか味噌炊きに用いられているぬか床から分離したISK-1菌の生産するバクテリオシンは、耐酸性耐熱性であり、乳酸が含まれた酸性物質であるぬか床といっしょに料理しても破壊されることはない。そこで、これを食すれば、胃酸で壊されることもなく腸にとどき、そこで悪玉菌を撃退し、その結果相対的に善玉菌のポピュレーションを増す。かくしてその活動を促進し、健全な腸を形成するのに貢献すると考えられる。

ヨーロッパ人はチーズで生きた乳酸菌を摂取し、遊牧民はヨーグルトや発酵乳で乳酸菌を摂取して、健全な腸を形成するための伝統的知恵としてきた。わが国は古来乳製品の食習慣がなかったために、乳製品や発酵乳と共存する乳酸菌を摂取する食習慣がなく、したがって乳製品由来の乳酸菌による腸内フローラコントロールは行なわれることはなかった。しかし、いままで述べてきた歴史的事実、実験結果、仮説、考察などを総合的に考えると、日本人の場合は、ぬか味噌漬けがヨーロッパ人にとってのヨーグルトの役割を果たしてきたのではないかと考えられる。これは、長年の経験と結果の積み重ねからわれわれの祖先が生み出した健康に生きるための食生活の知恵である。それは、実に巧妙な仕組みではないか。この祖先の知恵の偉大さに大きな驚きと感動を禁じ得ない。

われわれ日本人は微生物、中でもカビをこよなく上手に使った生活を確立した民族である。わが国の食生活のすばらしさを今後も大切にしていきたいものと思う。

人カビ毒に会う

堀江義一

人はカビ毒といつごろ出会ったのであろうか。人が森や原野で食糧を採集していた時代には、食糧を長期に貯蔵するだけの余裕はなかった。このような時代には細菌性の中毒はしばしば起こったであろうが、カビ毒中毒とはほとんど無縁だったであろう。しかし、人が農耕を始め、穀類をはじめとする食品を長期に保存するようになると、食品はカビによる品質劣化にさらされ、特に雨期のような高温多湿の環境下では食品にカビが生え、その結果カビ毒による被害を受けたと考えられる。カビ毒による中毒は細菌性の中毒と異なり、急性中毒は少なく、人ではガンや肝臓障害、腎臓障害などの慢性疾患として現われるため、それらがカビ毒による健康障害であるとの認識は少なかったと思われる。現在ではカビ毒がこれらの疾患の原因の一つとして考えられている。

カビ毒とは！

カビ毒とはカビの生産する動物に対する毒性物質の総称で、通常は低分子の化合物をさす。また、菌類の生産する毒性物質のうちキノコの生産する毒性物質はカビ毒には含めずキノコ毒として独立して扱われている。

菌類は地球上に約一〇万種ほどいるといわれている。鞭毛菌類、接合菌類、担子菌類、子嚢菌類、不完全菌類に大きく分類されている。重要なカビ毒を生産し、食品衛生上問題となる菌類は子嚢菌、不完全菌を中心に数十種程度にすぎない。特に重要なカビはアスペルギルス（*Aspergillus*）、ペニシリウム（*Penicillium*）、フザリウム（*Fusarium*）とそのテレオモルフ（子嚢世代）属のカビである。

これらの中には抗生物質生産菌として重要なカビも含まれている。毒性の強い抗生物質の中にはカビ毒として扱われるものもあり、このような抗生物質とカビ毒の境目ははっきりしているわけではなく、パツリンのように以前は抗生物質として開発研究された化合物も毒性が強いため現在ではカビ毒として扱われている例もある。一方、グリセオフルビンのようにカビ毒として知られていた化合物や、強い抗真菌作用をもつことから現在では抗真菌性抗生物質として利用されているものもある。

なぜカビはカビ毒を生産するのであろうか。明瞭な答えはないが、土壌をはじめカビの生活する環境で他のカビをはじめとする微生物や小動物に対し、カビ自体が生存するための武器として発達した、または菌糸や胞子などが昆虫や小動物に食べられないための毒性物質や忌避物質として発達したものと考えられている。

カビ毒生産菌はどこにいる!

穀類などの品質を劣化させるカビ毒生産菌はいったいどこに生息していて、カビ毒を生産するのであろうか。穀類が畑などで稔ると最初にその植物の病原菌などとして、植物上に生育していた菌に汚染される。代表的な菌としてはアルテルナリア(*Alternaria*)、フザリウム、トリコデルマ(*Trichoderma*)などである。これらのカビは「圃場(ほじょう)カビ」と呼ばれている。しかし、圃場カビは穀類が収穫され、乾燥後長期にわたって貯蔵されると数を減らしていく。わが国の米などでは収穫された次の夏を過ぎると圃場カビは急速に減少し、土壌中に多数生息しているが圃場では穀類を汚染しないアスペルギルス、ペニシリウムなど「土壌由来性貯蔵カビ」が増えてくる。この時期になってもフザリウムだけは生き残っている。穀類を汚染してアフラトキシン、オクラトキシン、ステリグマトシスチン、フミトレモルジン、パツリン、ロックフォルチンなど、食品衛生上重要なカビ毒を生産するアスペルギルスやペニシリウムは土壌由来貯蔵カビである。穀類がさらに長期に貯蔵されると、好乾燥性のアスペルギルスやアスペルギルスのテレオモルフ属であるユーロチウム(*Eurotium*)や貯蔵穀類特有のペニシリウムなど乾燥した環境を好む「貯蔵カビ」が生育してくる。これらのカビは圃場や土壌中などには通常生息せず倉庫や包装器材などの貯蔵環境に生息している。特に貯蔵米を汚染するペニシリウム・シトリヌム（*Penicillium citrinum*）、ペニシリウム・シトリオニグラム（*Penicillium citreonigrum*）、ペニシリウム・イスランジクム（*Penicillium islandicum*）などの黄変米菌がこれに当たる。これらカビ毒を生産するカビは食糧や飼料を輸入にたよっているわが国では食品衛生上、特に重要である。

土の中のカビ毒生産菌

土壌の中には多くのカビが生息している。これらのカビの多くは乾燥した環境では生育できないため乾燥した穀類などには生えることはできない。しかし、土壌中のアスペルギルスやペニシリウムの中には乾燥した穀類に生えることのできる種が数多くいる。この土壌中に生息しているカビが収穫後に穀類を汚染しカビ毒を生産する。この中には発ガン性カビ毒アフラトキシンの生産性が知られているアスペルギルス・フラブス（*Aspergillus flavus*）、痙攣（けいれん）性カビ毒フミトレモルジンやベルクロゲンを生産するアスペルギルス・フミガツス（*Aspergillus fumigatus*）やネオサルトリア属（*Neosartorya*）、発ガン性カビ毒ステリグマトシスチン生産性のエメリセラ属（*Emericella* アスペルギルスのテレオモルフ属）、オクラトキシン生産性のアスペルギルス・ニガー（*Aspergillus niger*）などの食品衛生上重要なカビが含まれる。

カビはいつ穀類を汚染するのであろうか。先進国の機械化された農業では穀類はコンバインなどで収穫され、ただちに熱風乾燥され、カントリーエレベータに貯蔵される。これらの貯蔵環境は定期的に薫蒸(くんじょう)され、カビ毒生産菌の汚染が拡がらないよう管理されている。このようなところではカビ毒による穀類汚染はまれである。一方、開発途上国では収穫された小麦やトウモロコシなどを道路上に置き、車に轢かせて脱穀させる光景がしばしば見られる。また、道路や地面に置いて乾燥させている。これでは穀類の表面に傷をつけ、土壌中のカビ毒生産菌を傷になすり付け、汚染を促しているにほかならない。また、収穫したトウモロコシなどを雨のあたる場所で乾燥・貯蔵しているのもよく見かけるが、これもカビの汚染を拡げることになる。このような不適切な収穫後の管理がカビ毒の穀類への汚染を招いている。

私たちは世界各地の土壌中のおもなアスペルギルスとその関連菌を調査してきた。日本や中国の江蘇省、黒龍江省の農業地帯など、アマゾン川流域、ブラジルのサンパウロ州の農業地帯など湿潤な地域の土壌からはアスペルギルス・フミガツスやネオサルトリア属の菌が多数分離された。一方、中近東、中国や南米の砂漠

図1　収穫後のトウモロコシの道路上での乾燥

地帯や乾燥農業地帯の土壌からはアスペルギルス・フラブス、アスペルギルス・ニガー、アスペルギルス・テレウス（*Aspergillus terreus*）、エメリセラ属が多数分離された。これらのカビはカビ毒生産菌ばかりでなく、ヒトの真菌症であるアスペルギルス症の原因菌としても知られている。すなわちこれらのカビはカビ毒を生産するとともにヒトの病気を起こすカビでもある。

黄変米と日本人カビ研究者の勇気

第二次世界大戦後、わが国は深刻な食料不足に見舞われ、世界各地から米を輸入した。その貴重な米が輸送中や貯蔵中に黄色に変色する事故が多発した。その原因はペニシリウム・シトリヌム、ペニシリウム・シトリオニグラム、ペニシリウム・イスランジクムの三種のアオカビの発生によるものであった。これらの黄変米は実験動物に対し強い毒性を示した。ペニシリウム・シトリヌムによる黄変米はタイ国黄変米と呼ばれ、強い腎障害を示すシトリニンが単離された。ペニシリウム・シトリオニグラムによる

図2　収穫後の小麦を車に轢かせての脱穀

黄変米はトキシカリウム黄変米と呼ばれ、動物の中枢神経に作用し、脊髄の運動神経を麻痺させるシトレオビリジンが単離された。ペニシリウム・イスランジクムによる黄変米はイスランジア黄変米と呼ばれ、動物に対し強い肝臓障害や発ガン性を示すルテオスカイリン、シクロクロロチン、イスランジトキシンが単離された。当時、政府はこれらの黄変米に強い毒性があるのを知りながら、食糧不足を補うため配給米として配ることを決定した。それに対し当時、農林省食糧研究所の角田広博士は職を賭した強い警告を行ない、政府に配給米などを食糧として用いることを断念させ、大規模中毒事件の発生を未然に防ぎ多くの日本人の命を救った。この行為は現在でも非常に高く評価されている。

当時の新聞には農林大臣が黄変米をカレーライスにして報道人の前で食べている写真が掲載されている。ただし、三日間食べる予定が一回だけになったとのことであった。その後京都市内の米穀店の米から分離されたタイ国黄変米菌から遠藤章博士（当時三井中央研究所）によってコンパクチンが単離され、血中のコレステロール値を下げることが知られた。コンパクチンをはじめとするスタチン類から遠藤博士らの努力によって冠動脈疾患を防ぐ画期的な世界的新薬が開発された。

発ガン性カビ毒アフラトキシン生産菌と麴菌

一九六〇年の初夏にイギリスで突然一〇万羽の七面鳥の雛が死亡する事件が起きた。最初は薬物や植物アルカロイドによる中毒が疑われたが、調査が進むにつれ、死亡した七面鳥はブラジルから輸入

図3　ペニシリウム・イスランジクムの分生子構造

されたピーナッツミルを飼料として与えられたことがわかった。このピーナッツミルからアスペルギルス・フラブスが多数分離された。この菌を培養し抽出したエキスには動物に対し非常に強い毒性化合物が含まれていることが判明し、この毒性化合物は *Aspergillus flavus* の *toxin*（毒素）の意味からアフラトキシンと命名された。最初に単離されたアフラトキシンは薄層クロマトグラフ上に展開し紫外線ランプを照射すると青色の蛍光を出す二種の化合物と緑色の蛍光を出す二種の化合物が含まれていた。これらの化合物は、蛍光の色からアフラトキシンB1、B2、G1、G2と命名された。この最初に事故を起こしたカビは現在アスペルギルス・フラブスからアスペルギルス・パラジティクス（*Aspergillus parasiticus*）に移されている。この分離株はATCC15517株としてその後、世界中のカビ毒研究者に分譲され、アフラトキシン研究に供された。

アフラトキシンは七面鳥以外にもニワトリ、アヒル、ウズラなどの家禽類、ウシ、ブタ、ヒツジ、サル、ウサギ、ネコ、イヌ、ラット、マウス、モルモット、ハムスターなどの哺乳動物、ニジマスなどの魚類にも強い急性毒性を示した。ここで話が終われば単に強いカビ毒が発見されたことで終わるのであったが、その後の研究で多くの動物に強い発ガン性が認められた。アフラトキシンの発ガン性は現在知られている天然物の中では最も強いものとされている。東南アジアの熱帯モンスーン地帯の穀類、食品からアフラトキシン生産性のアスペルギルス・フラブスが普通に分離され、食品中からもアフラトキシンが検出されることから、この地域に多発する肝臓ガンの原因の一つがアフラトキシン汚染ではないかと考えられている。また、アフラトキシンに汚染されている飼料を食べたことによる汚染された原乳を介してチーズがアフラトキシンMに汚染されるリスクが指摘されている。インドではアフラトキシンに汚染された食品を摂取した母親の母乳からアフラトキシンMが検出され社会問題となった。また、汚染されたトウモロコシ、コメ、キャッサバを原因としたヒトの死亡中毒事故も起きている。特に二〇〇四年のケニアでの中毒事故は一二名が死亡した。原因は汚染されたトウモロコシで、肺水腫、脳水腫、痙攣などの症状が報告されている。

また、日本人としてさらに重要なことには、アフラトキシンの生産性が報告されたアスペルギルス・フラブス、アスペルギルス・パラジティクスはわが国で古くより日本酒、醤油、味噌などの醸造に麹として用いられてきたアスペルギルス・オリゼ（*Aspergillus oryzae*）やアスペルギルス・ソーエ（*Aspergillus sojae*）と分類学的にきわめて近縁なカビであったことである。そのため、欧米では一時、日本酒、醤油、味噌の醸造に用いられる麹菌や製品の安全性に疑問が投げかけられた。わが国でも国や大手醤油メーカーの研究所で麹菌のアフラトキシン生産性、麹菌とアスペルギルス・フラブス、アスペルギルス・パラジティクスとの菌学的関係や生産性が研究され、わが国で麹として利用されているカビからはアフラトキシン生産性は認められなかった。今では、アフラトキシンの分析方法は当時と比較して格段に進歩し、高速液体クロマトグラフや酵素免疫測定法を用いても検出されず、わが国の麹菌の安全は実証された。その後DNAを用いた分子生物学的手法で種間の系統関係を調べる方

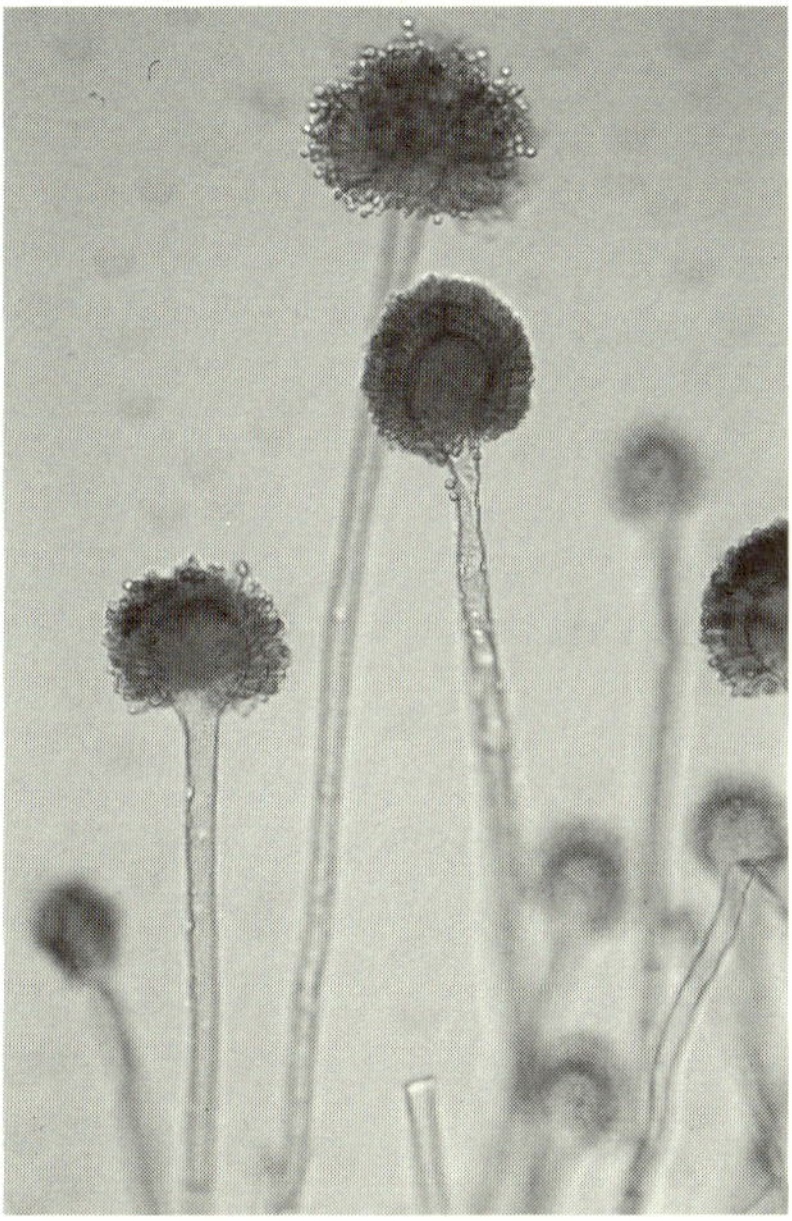

図4　アスペルギルス・フラブスの分生子構造

法が開発され、アフラトキシン生産菌とわが国の麹菌との系統関係が研究された。その結果、アスペルギルス・フラブスとアスペルギルス・オリゼ、アスペルギルス・パラジティクスとアスペルギルス・ソーエは同じ種であることが明らかとなった。現在ではこれらの種の関係はアスペルギルス・フラブスとアスペルギルス・パラジティクスは野生株であるのに対し、アスペルギルス・オリゼとアスペルギルス・ソーエは私たちの祖先が野生株から木の灰を用いてプロテアーゼ、アミラーゼの活性を指標として選抜を繰り返し育種してきたカビであるとされている。

また、近年アフラトキシン生産菌はこれら二種のアスペルギルス以外にアスペルギルス・ノミウス（*Aspergillus nomius*）、アスペルギルス・タマリ（*Aspergillus tamarii*）など数種のアスペルギルスやエマリセラ属の菌からも報告されている。また穀類、ピーナッツ、ナッツ類、香辛料、キャッサバ、ココナッツ、コーヒー豆、ナチュラルチーズなど多くの食品で自然汚染が報告され食品衛生上の重要性はますます増加している。現在、わが国では穀類をはじめナッツなど各種輸入食品のアフラトキシン汚染検査は日常業務として行なわれており、高汚染の食品がわれわれの口に直接入ることはほとんどないと言えよう。このように菌類から動物に対しきわめて強い急性毒性と発ガン性を示すアフラトキシンが発見されたことは、世界中の科学者の興味を引くこととなり、その後のカビ毒研究の始まりとなった。

カビ毒による病気――オクラトキシンとその生産菌

米、麦、大豆、小豆をはじめとする穀類、香辛料、煮干、魚粉など乾燥した食品から汚染菌を分離しようとすると、しばしば黄色から黄土色の巨大集落を形成するアスペルギルス・オクラセウス（*Aspergillus ochraceus*）が分離される。このカビからは発ガン性や腎臓障害を起こすオクラトキシンの生産性が知られている。このカビ毒は一九六五年に南アフリカの研究者らによって原因不明の疾患とカビとの関係を研究中にトウモロコシに生えたカビより実験動物に強い毒性を示す化合物として

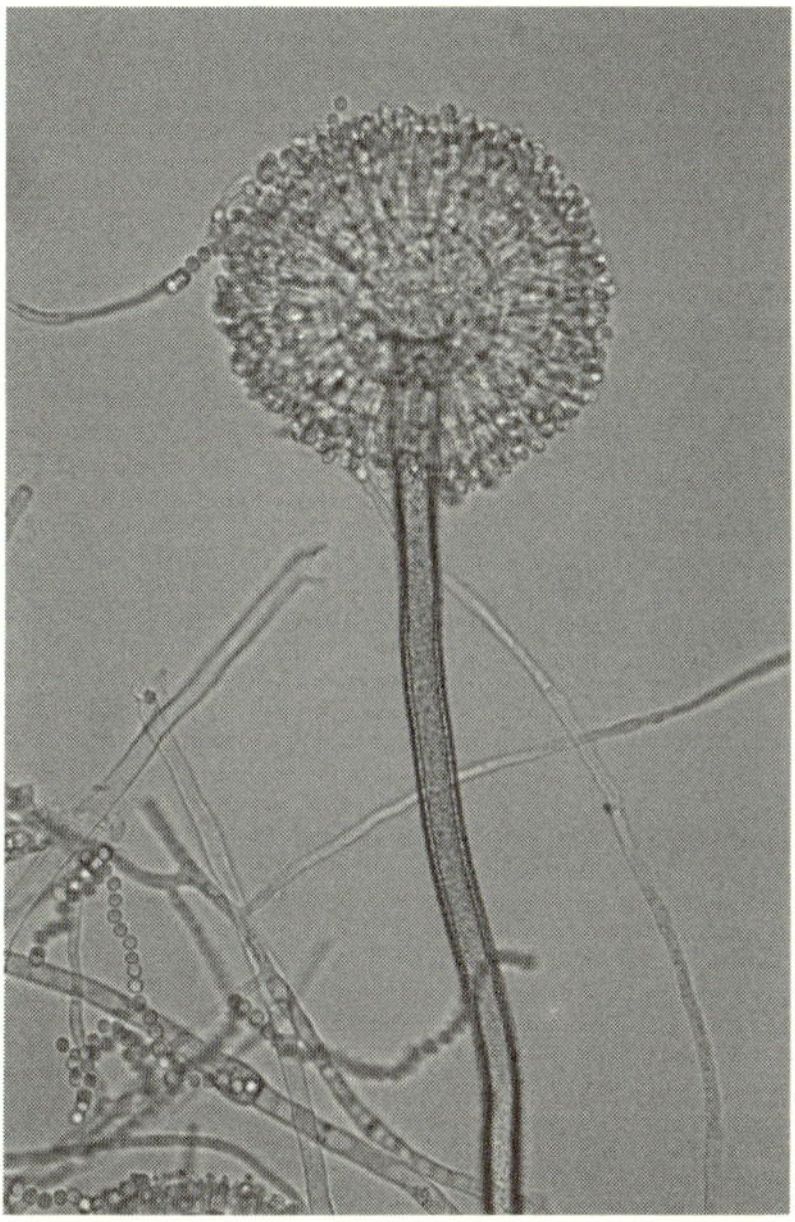

図5　アスペルギルス・オクラセウスの分生子構造

発見された。この毒性物質は単離された菌の名前からオクラトキシンと命名された。わが国では一九七〇年に小豆とトウガラシから分離されたアスペルギルス・オクラセウスから認めたのが最初の発見であった。当時、わが国では食生活の変化から米が余り、古米、古古米などが政府や農協の倉庫にあふれ、これらの米にカビが生えて社会問題となっていた。また、アフラトキシンなどの強い発ガン性カビ毒の危険性が認識されはじめた時代でもあった。私も当時カビ毒研究のために千葉大学腐敗研究所（その後生物活性研究所、真核微生物研究センター、真菌医学研究センターと名前を変え現在にいたっている）に設置された有害真菌研究部で、毎日、千葉県や宮城県の農家の自家飯米がどのようなカビに汚染されているかを検索するため、表面を滅菌水で洗浄した米を寒天培地上に並べて生えてくるカビを分離する日々を過ごしていた。アスペルギルス・オクラセウスは黄色い目立った集落をつくるため簡単に見分けられた。カビの研究を始めたばかりの私にとっては自信をもって同定できる数少ないカビであった。動物実験ではほとんどの株のエキスに毒性を認めたが、文献に記載してあるような強い毒性を示す株はなかなか見つからなかった。化学的知識の乏しい私はオクラトキシンの溶液が紫外線ランプの下で鋭い青色の蛍光を発するのを見て、単純にもオクラトキシン生産菌があれば培地中にオクラトキシンを代謝し、培地が青色蛍光を示すと考え、手持ちのアスペルギルス・オクラセウスをツァペック寒天の斜面培地に培養して、暗室でスラントに紫外線を当てたが、期待に反し蛍光は見られなかった。そんな中で一株だけが青い蛍光を発していた。そのスラントの集落は他のスラントより厚い集落を形成していた。二週間前このカビを培養するときツァペック寒天培地が不足したため

図6　アスペルギルス・ニガーの分生子構造

代わりに二〇%のショ糖を加えたツァペック寒天培地に植えた斜面培地であった。その後、蛍光の出なかった菌株もこの斜面培地で培養すると鋭い青色の蛍光を発する菌株が見つかり、この方法で一次的なスクリーニングを行ない、効率よくオクラトキシン生産菌を分離することができるようになった。このときに米から分離されたオクラトキシン生産菌はわが国では二番目の発見であった。その後オクラトキシンは腎臓障害と弱い発ガン性を示すカビ毒とされ、さして注目を浴びることはなかった。

しかし近年ブルガリア、ルーマニア、旧ユーゴスラビアのドナウ河の流域で古くから知られたバルカン腎炎と呼ばれる人の風土病が、ペニシウム・ベルコーサム（*Penicillium verrucosum*）の生産するオクラトキシンが原因であることが知られ注目された。また、デンマークをはじめ北ヨーロッパで頻発しているブタの腎症の原因も、この菌が生産するオクラトキシンが原因であることが知られた。現在多くの国では穀類、食肉、飼料中のアスペルギルス・ニガー（*Aspergillus niger*）やその近縁種であるアスペルギルス・アワモリ（*Aspergillus awamori*）は、わが国では黒麹カビとして泡盛の醸造や有機酸、酵素類の発酵に利用されている。発酵工業ではきわめて重要な菌である。近年このアスペルギルス・ニガーとその近縁菌からオクラトキシンの生産性が報告されている。黒麹として使用されている同じ種から食品衛生上重要なカビ毒の生産性が確認されたことは注目すべきである。近年わが国をはじめヨーロッパやカナダのヒトの血液、母乳、尿からオクラトキシンが検出されている。これらは麦類、豆類、コーヒー豆、ワイン、ビール、黒胡椒、豚肉、鶏肉などを自然汚染したオクラトキシンが摂取され人体に蓄積されたものである。これら食品の自然汚染にはアスペルギルス・ニガーとその近縁菌が深く関わっている。

偶然の選択――痙攣性カビ毒フミトレモルジンの発見

今から二十数年前、私は旧陸軍の毒ガス学校の建物をそのまま利用した千葉大学腐敗研究所で千葉県の農家の自家飯米を汚染するカビのカビ毒研究を行なっていた。建物は老朽化が激しく、口の悪い職員は名前のとおり建物も人間も腐っていると揶揄（やゆ）していた。当時はわが国にはどんなカビ毒生産菌がいるかもはっきりせず、分離菌は集まりはじめていたが、どんなカビを研究するのかを考えている状態であった。そんなおり、当時助教授だった山崎幹夫博士がカビ毒の生産性を検索するため、偶然に一株のアスペルギルス・フミガッツス（*Aspergillus fumigatus*）を選んで米培地に培養し、マウスで毒性検索を行なった。米培地から酢酸エチルで抽出して得たエキスをマウス腹腔内に注射すると、マウスはすぐに強い痙攣を起こし、死亡するものもあった。当時動物に痙攣を起こすカビ毒が数種のペニシリウムから報告されていたが、化合物として単離されていなかった。このエキスからマウスに対する痙攣性活性を指標にしてカビ毒を検索すると二種類の化合物が単離され、そのカビ毒はフミトレモルジンA、Bと命名された。このカビ毒はマウスをはじめラット、ウサギなどの実験動物に強い痙攣作用を示した。アスペルギルス・フミガッツスはヒトの肺アスペルギルス症の原因菌として知られて

図7　アスペルギルス・フミガッツスの分生子構造

いたが、カビ毒生産菌としては注目されていなかった。しかし、このカビ毒は紫外線ランプ下で蛍光を発せず、薄層クロマトグラフに硫酸を噴霧し加熱する古典的方法で検出していた。同じ教室のカビ毒の化学研究を行なっている者に分析法の開発を依頼したが、構造決定にしか興味がなくまったく相手にしてくれなかった。そのくせ生産性のよい株だけは要求してくるしまつであった。当時、私はフミトレモルジンの研究とともにアスペルギルス・ベルシカラー（*Aspergillus versicolor*）やエメリセラ属におけるステリグマトシスチンの生産性検索を行なっていた。このステリグマトシスチンは薄層クロマトグラフ上で非常に弱い赤色の蛍光もつが、塩化アルミニウム溶液を噴霧後加熱すると、弱い赤色の蛍光は強い黄色の蛍光に変化した。そんなおり、私のもとで卒業研究をしていた学生が誤ってフミトレモルジンを分析のための薄層クロマトグラフに塩化アルミニウム溶液を噴霧し加熱してしまった。学生いわく「今度の薄層のスポットは蛍光が青くなっちゃいました」。それまでフミトレモルジンは蛍光を発しないため簡易な定量的分析ができなかった。そのときはじめてフミトレモルジンが紫外線ランプ下で青色の蛍光を発することを偶然に知ったのである。その後この方法を活用して食品ばかりではなく人体、土壌など各種基質から分離したアスペルギルス・フミガッツのフミトレモルジン生産性の研究を行なうことが可能になった。多くの株より生産性検索を進めるうちに奇妙なことに気がついた。生産性検索をしたほとんどの株からフミトレモルジンBが検出されたが、フミトレモルジンAはまったく検出されなかった。最初にフミトレモルジンA、Bの検出された株とその他の株とを比較すると、最初の株は灰色がかったあまり分生子をたくさんつくらない巨大集落を形成した。この株は当時わが国では未報告のアスペルギルス・フミガッツスの変種エリプティクス（*Aspergillus fumigatus* var. *ellipticus* と考えられた。しかし、その後の分子生物学的手法による系統研究によってこれまでの種と合わないことが知られた。このようにたまたま選んだ株がフミトレモルジンA、Bを生産し、偶然の間違いで分析方法が確立して痙攣性カビ毒の研究が急速に進展した。その後フミトレモルジンAはアスペルギルス・フミガッツスの関連菌であるネオサルトリア属の菌に高い生産性があることが明らかにされた。後に多くのアスペルギルス、ペニシリウムからベルクロゲン、アフラトレウム、テレトレウム、ペニトレウム、パキシリン、パスパリンなど多くの痙攣性カビ毒が発見されたが、生産菌の分布の広さや食品衛生学上の重要性からフミトレモルジンはベルクロゲンとともに最も重要な痙攣性カビ毒として多くのカビ毒の教科書に記述されている。

このように多くのカビからカビ毒生産性が報告されている。そのため、今日ではカビの生えた食品は食べないようにと指導され、先進国では穀類や食品の製造、貯蔵にはカビによる汚染をどう防ぐかが食品衛生上重要な課題となっている。また、カビ毒の生産が報告されている同じカビは、抗生物質をはじめ免疫抑制剤、高脂血症治療薬、虫歯予防剤などの医薬品や有機酸、糖質関連物質、核酸関連物質、酵素などわれわれの生活になくてはならないものの製造に利用されている。これら「活性」の強い猛獣たちと共存していくことを、われわれはもう少し考えなければならないであろう。

酵母とカビの発酵の新しい側面

栃倉辰六郎

自然界には、高等動物・植物とともに微生物が生活している。この生態系の一員として人類も生きてきた。昔の人々は微生物そのものをまったく知らなかったが、食品の保存や加工のために、まったく反対の二つの方法を取ってきた。今日の科学、技術からみると、一つは微生物の生育を阻害したり、殺したりする方法であり、もう一つは、微生物の生育を促進することによって、優れた性質を有する食品を作り出す方法である。

食品に対する微生物の作用はしばしば発酵もしくは腐敗と呼ばれる。人類にとって有用な作用が発酵であり、有害な作用が腐敗である。パストゥールは発酵も腐敗も微生物の無酸素呼吸、つまりエネルギー代謝にほかならないことを明らかにして微生物学と生化学の基礎を築いた。微生物が食品に作用した結果、変化した食品を発酵産物として認識するか、腐敗産物とみるかは風土や民族の嗜好性によって異なる場合が多い。つまり、微生物と食品の関係は文化の影響を受けやすい性格のものである。発酵の技術は、長年にわたる試行錯誤を経て、民族や地域の風土条件に適応して発達し、特有の食べる楽しみや豊かな栄養物を与えてくれる食生活と関連する文化の形成に大きく貢献してきたのである。

酵母の発酵エネルギーと有用物質の合成への利用

地球上の生物にとって役立つエネルギーはすべて太陽の恩恵である。生態学的には光合成にすべて依存しているということである。

従属栄養微生物の酸素呼吸では、光合成によって固定されたエネルギーがすべて放出される。これが通常、呼吸と呼ばれる現象で、非常に効率の高いエネルギー生産反応である。無気（嫌気）呼吸であるアルコール発酵や乳酸発酵では、役立つエネルギーは少ししか生成されない。そこでは発酵原料に内蔵されるエネルギーの大部分は醸造産物であるアルコールや乳酸の形で残存している。発酵という化学変化の過程で原料分子の構造の一部分のみが酸化と還元を受けることで、少量のエネルギーが放出され、それによって微生物は酸素がなくても生育できる能力を獲得した。

味噌や醤油・酒類の醸造は嫌気環境下で行なわれるので、酵母や乳酸菌は細々としか生育できず、老廃物であるアルコールや乳酸などがたくさんたまっている。そこではエネルギー効率は低いが、醸造物の収量は高いというのが従来の評価であった。

ところが微生物の呼吸で生じるエネルギーを取り出して、有用物質の合成に使うという観点にたつと、発酵は効率がたいへん悪いわけで、酸素呼吸のエネルギーを使って合成したほうが断然有利であるというのが普通の考え方で、この生体エネルギー論をもとにした合成法をバイオ関係の研究者はねらった。しかし、実験を行なってみると、酸素呼吸は進行するけれども、エネルギーを取り出して、それを合成反応に利用することがなかなかできない、制御しにくい性格のものであることがわかってきた。

われわれは、酸素呼吸がミトコンドリアという膜構造体の内部で行なわれるためエネルギーを取り出すことはできない、と判断した。むしろ膜構造に依存しないで、大部分の酵素（生体触媒）が溶けている状態で活動している細胞質という場で、発酵によってちょろちょろとしか出てこないエネルギーのほうが合成に使いやすいと考えた。発酵では、エネルギー生成量は少ないけれども、細胞の外部に取り出して合成反応に利用できるエネルギー（ATPエネルギーと呼ぶ）が生産できる。つまり、無気呼吸はATPエネルギー発酵そのものであると解釈した。それでは、醸造産物であるアルコールはどう評価するかということになるが、結局これは、エネルギー発酵の面からは副産物であると位置づけたのがわれわれの最初の見方であった。

ところで、バイオマスから安価なアルコールを発酵生産することは地球の資源が有限であるという観点から重要な課題である。近年、ブラジルなどではガソホールとして、ガソリンの中に一〇～二〇％のアルコールを入れて車を走らせている。アルコールを、バイオマスを用いて再生産できるエネルギーとしてガソリンの中に一部加えるということになると、化石燃料の節約になるし、また子孫のために化石燃料を残しておこうというブラジルの長期的展望に立った一つの国策というものの意義がそこに見られる。

パストゥール以後、多くの研究者の努力でアルコール発酵の機構が解明され、それをもとにして生化学や分子生物学、その他関連分野が今日いちじるしく発展している。図1に示すように、アルコール発酵の経路の二ヵ所でＡＴＰ（アデノシン三リン酸）の形でエネルギーが取り出される。ＡＴＰというのは、細胞内で広く使われるエネルギー物質で、アデノシン（Ａ）にリン酸が三個結合したものである。リン酸をⓅで示せばＡＴＰはＡ—Ⓟ～Ⓟ～Ⓟで表される。後ろの二個のリン酸の結合にエネルギーが貯蔵されている（～Ⓟで示す）。その一つの結合が切れるときに遊離されるエネルギーがいろいろな生物的仕事に変わる。

ブドウ糖や脂肪などの栄養素は直接に生物的仕事に使われるエネルギーを与えるのではない。それらの分解（発酵）や酸化（呼吸）によって生成するエネルギーで、まずＡＴＰが作られるのである。

われわれは、乾燥酵母を用いて、アルコール発酵における無機リン酸（植物のリン酸肥料に相当する）の取り込みと果糖二リン酸（フルクトース二リン酸、略号はＦＤＰあるいはＦＢＰ）の生成との関係、そしてＡＴＰの生成と分解との関係（バッテリーでの充電と放電に相当する）を詳しく調べた。

ここで発酵とリン酸の歴史について少し触れたい。私の先師片桐英郎先生（京都大学名誉教授）は昭和の初期にイギリスのハーデン先生の研究室に留学された。ハーデン先生はＦＤＰ（別名ハーデン・ヤングエステルとも呼ばれる）を発見されるとともに発酵における糖リン酸化合物の重要性をはじめて指摘され、その業績でノーベル賞を受賞された。そういった事情で、片桐先生の講義では、折

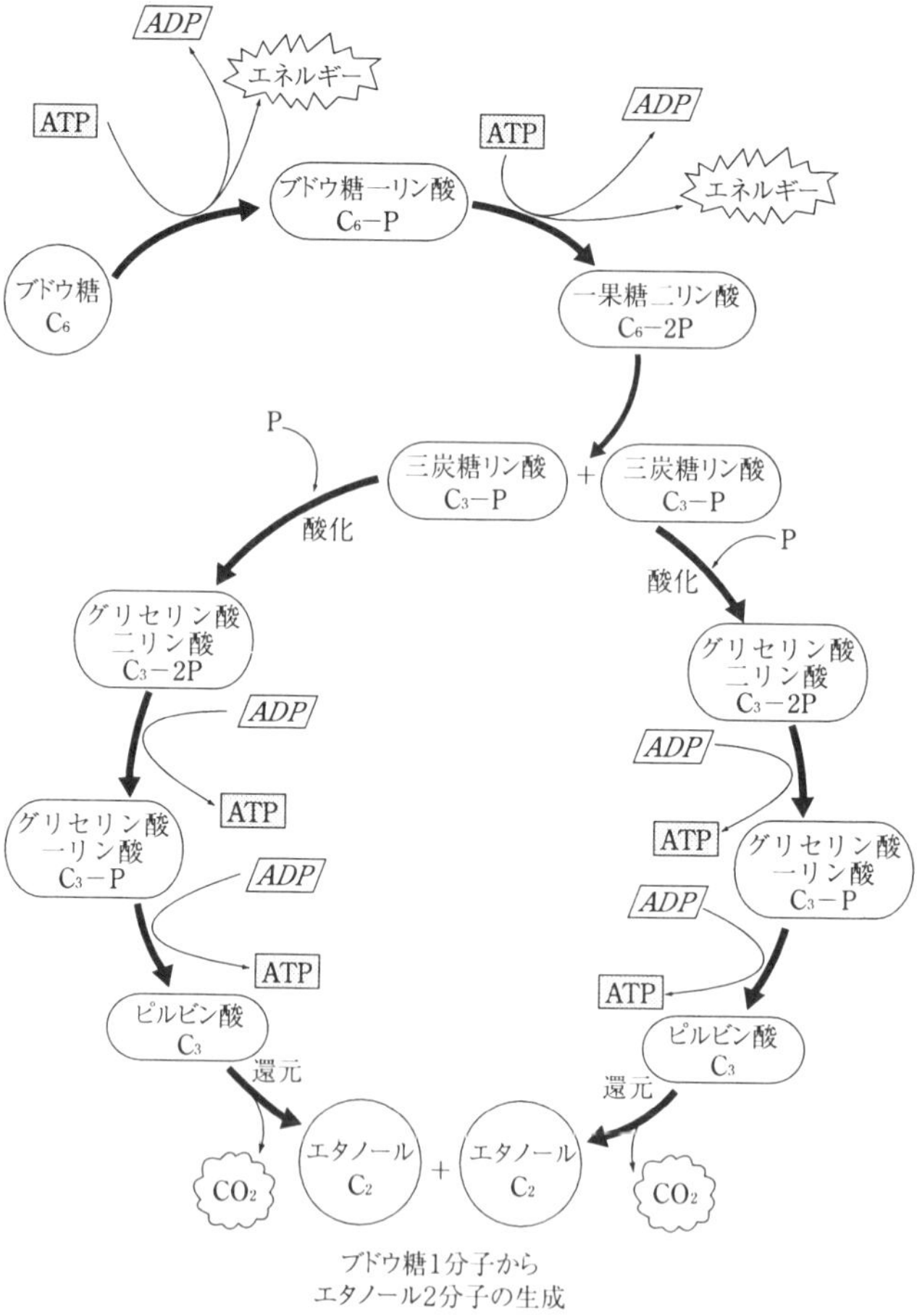

図1　アルコール発酵の機構

全過程で２ＡＴＰが使われ、４ＡＴＰができるので、差し引き２ＡＴＰが酵母の所得となる。

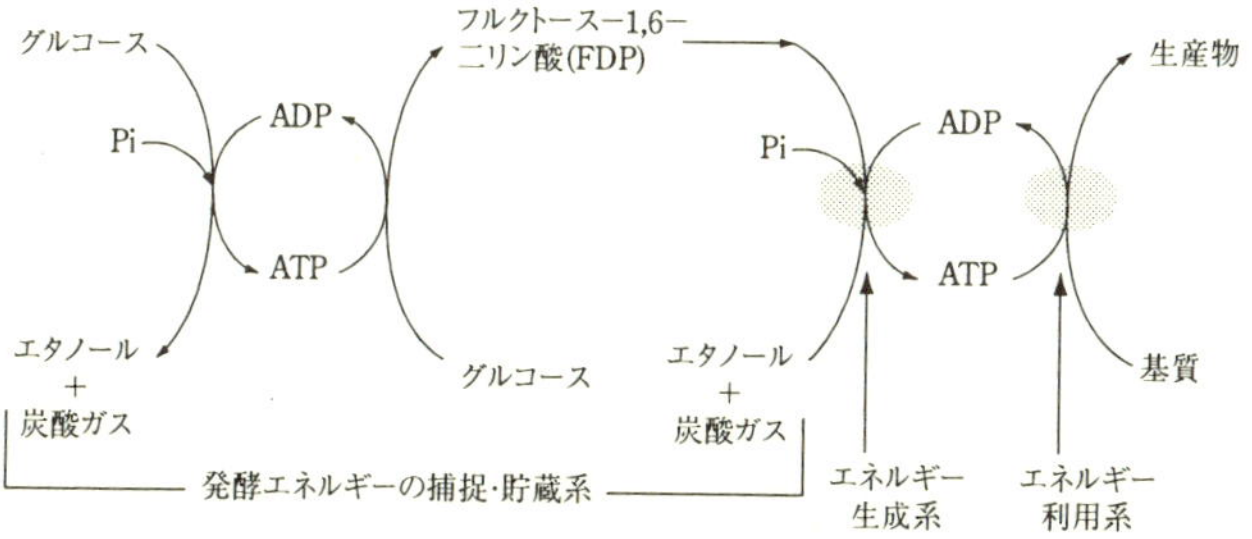

図2　酵母の発酵エネルギーを利用する有用物質の合成

りに触れこのリン酸化合物の問題が出てきてたいへん印象的に私の身についており、アルコール発酵というとFDPを思い出すわけである。

さて、発酵機構によれば、発酵の初期に原料のブドウ糖がATPを使ってFDPに変わる。ここでわれわれは発想の転換を図った。すなわち、非常に不安定なATPという高エネルギーの塊がFDPという安定した低エネルギー化合物の形で捕捉（ほそく）・保存されること、次に、FDPが発酵・分解されるときに生成するATPエネルギーは制御しやすいこと、その結果、有用物質の合成に発酵エネルギーが利用できるようになることを明らかにした。生きている酵母細胞では、特殊な細胞膜構造によって生命維持に必須なATPが細胞の外に漏出するのを防いでいる。そこでATPエネルギーを取り出すためには、細胞の集合体である菌体に若干の処理を行なう必要がある。たとえば、菌体を乾燥や有機溶媒処理して細胞膜の変性を起こさせたり、あるいは膜変異株をつくったりすることが有効である。そして、多量の無機リン酸を添加して発酵を行なう（図2）。

以上に述べた合成反応と連結したアルコール発酵を、われわれはエネルギー共役発酵と命名した。このエネルギー発酵では、合成原料を選択して添加したり、いろいろな合成用酵素を組み合わせて用いると非常に多種類の生産物が得られる。この発酵の重要な産業上の特徴をあげると、第一に、糖類やデンプンなどのバイオマスを原料とするエネルギー生産法であるために、再生産性・無公害技術であること、第二に、副産物としてアルコールとクリーンな炭酸ガスを安価に供給できること、さらに、反応後の酵母菌体は飼料として利用できることなどがあげられる。こうした特徴から、この方法は新酵母産業の技術原理の一つとして期待できよう。

東洋の麹カビと西洋のチーズカビ

軟ゲル麹の考案

穀類にカビの胞子を混ぜて培養し、菌糸（体）を生長させたものが麹である。麹は酵素の宝庫である。麹では菌糸体（菌体）と培養原料との分離が困難であるため、菌体内の酵素と菌体外に生成する分泌性酵素の分離やそれら酵素と生育との関係を調べるのは容易ではない。矢野俊博博士らは、小麦麩（ふすま）を水に一〇％懸濁したものに寒天を〇・二～〇・四％加えた軟ゲル状態で、麹菌胞子を表面に接種すると、液中に沈まない非常に安定した菌のマット（菌蓋）が発達することを知った。これは純粋な菌体のみからなる麹（純麹）で、ピンセットで容易にはがすことができ、その中にたくさんの酵素が入っている。軟ゲル培養では、菌糸体が空気と接触した自然の状態で生長するものであるから、一般のカビの生態生理や生化学の研究にも好都合である。

軟ゲル培養を用いて麹菌の風味に関わる酵素の生成を調べたところ、グルタミナーゼとロイシンアミノペプチダーゼはほとんど一〇〇％菌蓋中に存在するが、中性プロテアーゼは全活性の六〇〜七〇％、α（アルファ）-アミラーゼは四〇〜五〇％が菌蓋中に、残りは外部（寒天培養ゲル中）に分泌された。さらにグルタミナーゼが数種類存在することも明らかにされた。

旨味をつくる酵素の新しい側面

麹菌の大豆加工における重要性というのは、醬油や味噌の風味成分を麹が作ることからも明らかで、そのときいろいろな酵素が関与している。われわれは、酵素化学の面からあまり研究されていなかった麹菌のグルタミナーゼを取り上げた。

大豆タンパク質中にはグルタミンが非常に多く含まれていて、これがグルタミナーゼの作用でグルタミン酸になると旨味が強く出てくる。しかし、グルタミンは酸性では非酵素的に簡単に閉環してピログルタミン酸に変化し、味がなくなってしまう。このピロ化反応を抑制して全部グルタミン酸にもっていければ、旨味の強い調味料ができるということが経験的に知られている。そこで、このグルタミナーゼの本体を明らかにしようということで、富田憲二博士らは、苦労してこの酵素を単一に精製した。酵素の性質をいろいろ調べた結果、γ（ガンマー）-グルタミルトランスペプチダーゼ（略記GGT）と呼ばれる一種の転移酵素がグルタミナーゼと同一のものであることがわかった（233ページ上）。

実験結果を総合して、次のような考えに到達した。

1） γ－グルタミルトランスペプチダーゼ反応（転移反応）

グルタミン＋γ－グルタミル基受容体（ペプチド、アミノ酸）

⟶ γ－グルタミルペプチド（アミノ酸）＋アンモニア

2） グルタミナーゼ反応（加水分解）

a）グルタミン＋水

――グルタミン酸＋アンモニア

b）γ－グルタミンペプチド（アミノ酸）＋水

⟶グルタミン酸＋ペプチド（アミノ酸）

大豆タンパク質はプロテアーゼの作用で小分子のペプチドに分解され、続いてグルタミンやアミノ酸を遊離すると、GGTの作用でグルタミンとアミノ酸やペプチドが反応してγ－グルタミルアミノ酸やγ－グルタミルペプチドを生成する。これらのγ－グルタミル化合物は構造的にピロ化しない。つまり、グルタミンのピロ化を防ぐための安全装置としてGGTが有効に働くことになる。そしてグルタミンの濃度が低くなると、今度はγ－グルタミル化合物がグルタミン酸とアミノ酸・ペプチドに加水分解される結果、ピロ化という反応は回避されて、グルタミンはグルタミン酸として回収され、これが旨味を発揮する。したがって、グルタミナーゼによってグルタミンがグルタミン酸とアンモニアに直接加水分解される反応も起こるけれども、グルタミンの濃度が急激に上昇した場合、GGTによってγ－グルタミン化合物に変化するため、ピロ化を防ぐことができると考えられる。

東洋、特に日本の食用カビが麹菌であるならば、西洋の食用カビは青カビであるといえる。そこで次にカマンベールチーズやロックホールチーズの製造に用いられるペニシリウム・カゼイコラム（*Penicillium caseicolum*）やペニシリウム・ロックホルティー（*Penicillium roqueforti*）を麹

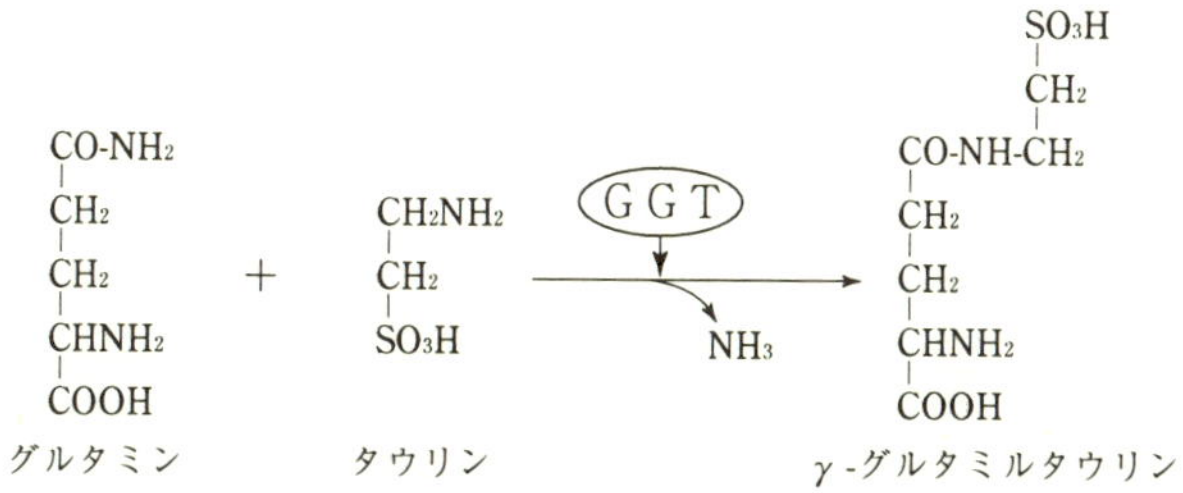

図3　酵素（GGT）によるγ－グルタミルタウリンの合成

培養し、そこで得られた酵素を精製していろいろ調べたところ、非常に性質の違うGGTが見つかった。麹菌のGGTは食塩で強く阻害されるが、青カビの酵素は四～八％の食塩でむしろ活性化される。さらに麹菌の酵素に比べて、青カビの精製酵素は作用する範囲（基質特異性）が非常に広く、いろいろな種類のアミノ酸と反応して相当する各種のγ－グルタミル化合物を合成するという特徴がある。その中で、γ－グルタミルタウリンに注目して研究してみた。この化合物は、いろいろとおもしろい生理活性があると文献に記されている。特にX線に対する防御活性がある。これは放射線に対して防御効果があることを意味している。

この化合物の作り方は図3のとおり、比較的簡単である。グルタミンとタウリンを原料とし、pHを八ぐらいに保って青カビのGGTを作用させると、かなりの収量でγ－グルタミルタウリンが合成できる。pH六くらいではあまり合成反応は進まない。

アルコール発酵を活用する食品の加工・保蔵法

醸造の再評価というか、アルコール発酵現象というものを新しく見直すことで、食品産業を活性化する一つの試みとして、京都大学を定年となる数年前に、また酵母と食品の研究に戻った。つまり、一般食品の保蔵・加工の問題に対して、アルコール発酵を中心とした新しい着想で研究する手立てはないかということであった。具体的には、無塩ペプチド食品や減塩調味料を作ること、あるいは生体調節機能を重視した未来型のアルコール飲料というものの概念、さらに腐敗現象の解析からスタートして、防腐剤としての食塩を添加しないで、しかも冷熱エネルギーをできるだけ節約して地球上のどこででも、生の魚だとか畜肉などをなんとか保蔵できないか、そして発酵処理したタンパク食品の特性はどのようなものであるか、そういった問題を取り上げたのであった。

無塩ペプチド食品・調味料の製造法

アルコール発酵を防腐剤である食塩の代わりにタンパク性醸造食品の製造に使うという発想の基礎として、矢野博士らは醸造に関与する酵素に対するエタノールと食塩の影響を比較研究した。その結果わかったことは、プロテイナーゼは食塩によって強く阻害されるが、エタノールによる阻害は食塩の場合に比べると非常に小さいこと、旨味の生成に関与するグルタミナーゼも食塩で強く阻害されるが、エタノールではむしろ反応が促進されるということである。こういった過酷な食塩阻害下で伝統的な味噌・醤油の醸造は行なわれていることが再認識された。

一方、旨味の生成に関与するほかの酵素ロイシンアミノペプチダーゼはエタノール存在下でも作用するが、食塩存在下の場合よりもいくらか強く阻害される。逆にアミラーゼはエタノールでわずかしか阻害されず、食塩のほうが阻害は大きい。こうした酵素の性質を利用すれば、市販の高価なエタノールを防腐剤として直接加えるのではなくて、タンパク原料を麹や酵素で分解するときに、エタノール生産力の強い清酒酵母やパン酵母（サッカロミセス・セレヴィシアエ *Saccharomyces cerevisiae*）とブドウ糖、またはデンプン—麹系を添加しておけば、発酵で生成してくるエタノールの防腐作用により調味料の製造が無食塩下でも実施できるのではないかと考えた。従来の味噌や醬油の醸造では、雑菌によるタンパク質の腐敗を防止するため一〇〜二〇%の高濃度で添加する食塩が製造期間の長期化や原料タンパク質の不完全利用などの原因となっている。

そこで、蒸煮大豆と少量の小麦粉の混合物を原料として麹を作った。この麹に等量の水を加えて磨砕したのち、アルコール発酵力の強い酒酵母を一グラムあたり一〇万個ぐらい加え基本培地とした。これに①一〇%ブドウ糖を加えたもの［糖・酵母（SY）添加法］、②一〇%食塩を加えたもの、③一〇%エタノールを加えたもの、④何も加えないもの（対照区）をつくり、二二℃で発酵させた（図4）。

その結果、糖・酵母添加法では、発酵は順調に進行し、五日目で四%のエタノールが生成した。混入した細菌は五日目に一グラムあたり五〇万個まで増加したが、三〇日後には一グラムあたり一〇〇〇個まで減少し、安全に醸造できた。原料からの総アミノ酸やグルタミン酸の生成量は、醸造開始時

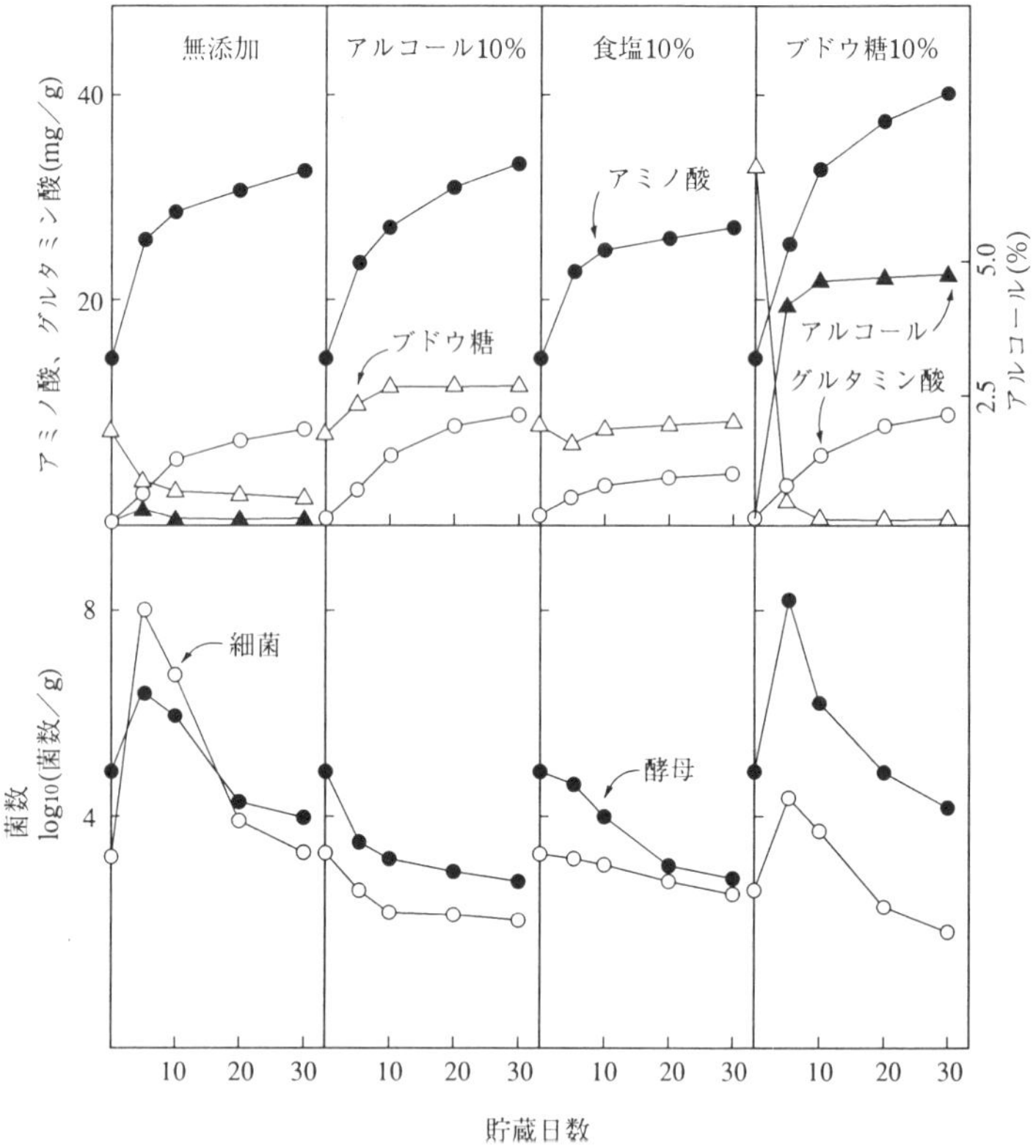

図４　大豆麹の消化と食塩、アルコール、糖ー酵母の添加効果

に一〇%エタノールを添加した場合と同等以上であり、一〇%食塩を添加した場合（従来の味噌醸造法）よりもはるかに高い値を示した。一方、麹のみの対照区では、酵母が発酵してアルコールをつくるほどの糖は存在せず、タンパク質の分解のみが進み、多量のアミノ酸を生成している。しかし、細菌が初期に一グラムあたり一億個ぐらい生育して臭いはたいへんなものであり、完全な腐敗である。

　また、ブドウ糖の代わりに、米や小麦粉、トウモロコシデンプンなどを麹化して、あるいは酵素糖化して用いても同様の結果が得られる。

　こうしたわれわれの醸造法は、従来の糖類やデンプンを主原料とするアルコール醸造とは明らかに異なる。この方法ではデンプンとタンパク質が二大原料であり、アルコールの生産とペプチド・アミノ酸の生産とが同等レベルで進行する。それゆえ、この方法はペプチド（アミノ酸）―アルコール発酵と呼んでもよいであろう。ただタンパク質の分解が中断されるとペプチド―アルコール発酵となり、分解が完全に進むとアミノ酸―アルコール発酵となる。

　次に、このタンパク分解法を魚醤タイプの調味料の製造に応用できないかということで、蒸したイワシを麹化したのち、アルコール発酵を行なうと、アルコールの生成もタンパク分解もスムースに進行して味の濃い調味液ができてくる。蒸しただけのイワシと麹化したイワシに含まれる低級脂肪酸（酢酸・プロピオン酸・酪酸・吉草酸など）の量を定量してみると、明らかに麹化することで脂肪酸量は著しく減少し、魚臭がなくなっている。

　こうしてつくられたタンパク分解物はアルコールを含む状態で濃厚なペプチド・アミノ酸調味料と

して利用できる。用途によっては、アルコールを減圧で除去・回収すれば、塩分を含まないペプチド食品素材が製造でき、加工原料となる。一方、回収したアルコールは副産物で、安価な製品となるわけで、この方法は最初に述べた省エネルギー・省資源技術の一つとなってくる。

新しい酒の概念「ペプチド・アルコール飲料」

無塩のアルコール発酵下で原料タンパク質をアミノ酸にまで完全分解させずに、分解物の大半は小分子ペプチドとする。つまり、タンパク質の分解は味噌醸造のレベルに止める。そうすると、無塩下のペプチド・アルコール発酵はアルコール飲料の製造原理としても利用できる。これは新しい酒の概念ペプチド・アルコール飲料（ペプチド酒）の提示である。原料としては穀類・雑穀・大豆・グルテン、酵母としては発酵力の強い通常の酒酵母を用いる。清酒醸造の副産物として得られる白糠も利用できる。原料面から明らかなように、ペプチド酒は日本酒や中国酒（韓国酒）と味噌・醬油の醸造プロセスの新しい統合である。

よくいわれることであるが、東洋と西洋での酒のつくり方の大きな違いは糖化剤として麴を使うか、あるいは麦芽を使うかである。この点からすれば、ペプチド酒醸造の特徴の一つは糖化酵素とタンパク分解酵素の両方が強い麴を使うことである。もちろんアミラーゼ・プロテアーゼ酵素剤の使用も有効である。酒の型としては、アルコール発酵とタンパク消化を同時に行なってつくるペプチド発酵酒と、別につくったタンパク酵素消化物をアルコール発酵液に加えて熟成させるペプチド混成酒・再製酒が考えられる。

ペプチド酒の最も大きな特徴は新しい機能性食品の一つとして評価される点である。元来、アルコール飲料は嗜好性の面で優れた感覚機能（食品の二次機能という）を持っているが、他方ではマイナスの面が昔から指摘されてきており、さらに二一世紀では国際的なレベルでいろいろな社会問題が絡み合って飲酒の病害が増大すると懸念されている。

ペプチド酒は醸造と文化の将来に対して新しい貢献が期待できるのではないか。第一には普通のアルコール飲料と異なり、ペプチドという栄養素を多量に含むため、生命維持に必須な栄養機能（食品の一次機能）を持っていることである。第二には成人病（生活習慣病）の予防や老化の抑制などに有効な生体調節機能（食品の三次機能）が期待できる。たとえば、免疫賦活、循環系異常の予防、糖尿病の抑制、抗ガン性強化、過酸化物の生成防止などへの貢献である。有効な因子としてはペプチド・アミノ酸とともに、複合糖質・配糖体その他の未知成分あるいは、それらの相互作用による各種二次産物が考えられる。

近年、大豆と米・麦などを原料として、麹菌や酵母、細菌を利用してつくる醸造食品に新しい生体調節因子が見つけられている。特に味噌業界では、中央味噌研究所の海老根英雄博士らが中心となり、医学分野に研究を委託されて、成人病の予防に有効な味噌の新しい三次機能を明らかにされている。これは食品による予防医学という新しい分野への大きな貢献であろう。

酵母を利用する魚肉・畜肉の保蔵法

もう一つの問題は、生の魚や食肉が簡単に腐敗するということと、なぜそれらが酵母の発酵と無関係であるかということで、少し大袈裟にいえば、パスツールの時代に戻り、腐敗と発酵という概念の統合を試みたというか、いくらか哲学的なレベルの問題を取り上げた。

生の魚だとか肉類を放置すれば、いろいろな種類の細菌やカビ類、一部の酵母が生えてくる。参考書を見ると、肉類を放置すれば臭いは悪くなる、表面に粘質物（ネト）が出る、変色してくる、油が変敗（酸敗）するなどいろいろなことが書いてある。酵母で生えてくるのは雑食性の株で、アルコール発酵しない種類だけである。さらに、酵母は肉類をアタックするタンパク・脂肪分解酵素系をわずかしか分泌しないので、細菌やカビに比べて生育は貧弱である。肉類は冷蔵庫に保存しても、好冷菌によって徐々に変質・腐敗してくる。ステーキ用の肉でも一平方センチあたり一万～一〇万個の菌は存在しており、冷所で変質は進む。ミンチ肉では、最初から一〇〇万個程度の菌は存在し、数日の冷所保存でも色は変わり、臭いは悪くなり、すぐ一平方センチあたり一億個ぐらいになってアンモニア臭が強く出て腐敗してくる。肉類と微生物の関係はきわめて明白である。微生物は悪玉に尽きる。

前述したように、筆者らは無塩ペプチド・アルコール発酵の経験を持っており、食肉類を自然の環境下に放置しても、つまり生態学的条件下では、糖をほとんど含まず、おもにタンパク質と脂肪からなる肉類に、発酵性酵母が寄り付かないのは当然であると考えた。しかし、ブドウ糖や砂糖（ショ糖）を肉類の六～八％混ぜ、さらに微量の酵母（サッカロミセス・セレヴィシアエ）を添加するだけで、肉類も生の状態で保存することは可能になるのではないかということで、きわめて簡単な条件、すなわち魚や畜肉五〇グラム、ブドウ糖五グラム、酵母一〇〇万個（肉一グラムあたり）を混ぜて一〇〜一二℃に放置してみた。最初のころの実験では、ビールや日本酒醸造のような低温発酵の条件を選んだ。低温では通常の腐敗菌の生育が強く抑制されるからである。

非常に明快な実験結果が得られた。図5に示すように、豚肉や牛肉のスライスしたものに糖を加え、しかし酵母は添加しないで、一二℃に三日間放置すると、細菌が一グラムあたり一〇億個ぐらい増殖して腐敗する。ところが酵母を一グラムあたり一〇〇万個補うだけで、アルコールが三％くらい生成し、腐敗細菌の生育は一グラムあたり一万個程度に強く抑えられる。酵母は一グラムあたり一億個レベルに増加している。官能検査でも臭いは悪くなく腐敗していない。このように肉類に少量の糖類と微量の酵母を混ぜるだけで、腐敗という現象は発酵に統合される。発酵の生起で腐敗は消滅するというわけである。食肉・魚肉という食品固体の表面で、酵母が糖以外の必須栄養分のすべてを肉類から供給されながら生育する結果、腐敗現象が消滅するということは自然の妙味である。

イワシやアジなどの生の魚肉の場合も同様で、糖と酵母を添加するだけで腐敗が防止できる。近年、新鮮度という考えが魚肉の品質面で重視されている。アルコール発酵処理で、この魚肉の新鮮度はかなり維持できることがわかってきた。もう一つ重要なことは、酵母の発酵はアルコールの静菌作用を供給するだけでなく、還元力（還元作用）を生み出すことで食品の保存に対して有効に働くという点である。すなわち、アルコール発酵には抗酸化作用があるという発想である。このごろ、エイコサペンタエン酸（ＥＰＡ）やドコサヘキサエン酸（ＤＨＡ）などの魚体に含まれる高度不飽和脂肪酸が血栓などの循環器系統の病気の予防や記憶・学習などの脳活動に有効に働くといわれている。魚肉中の

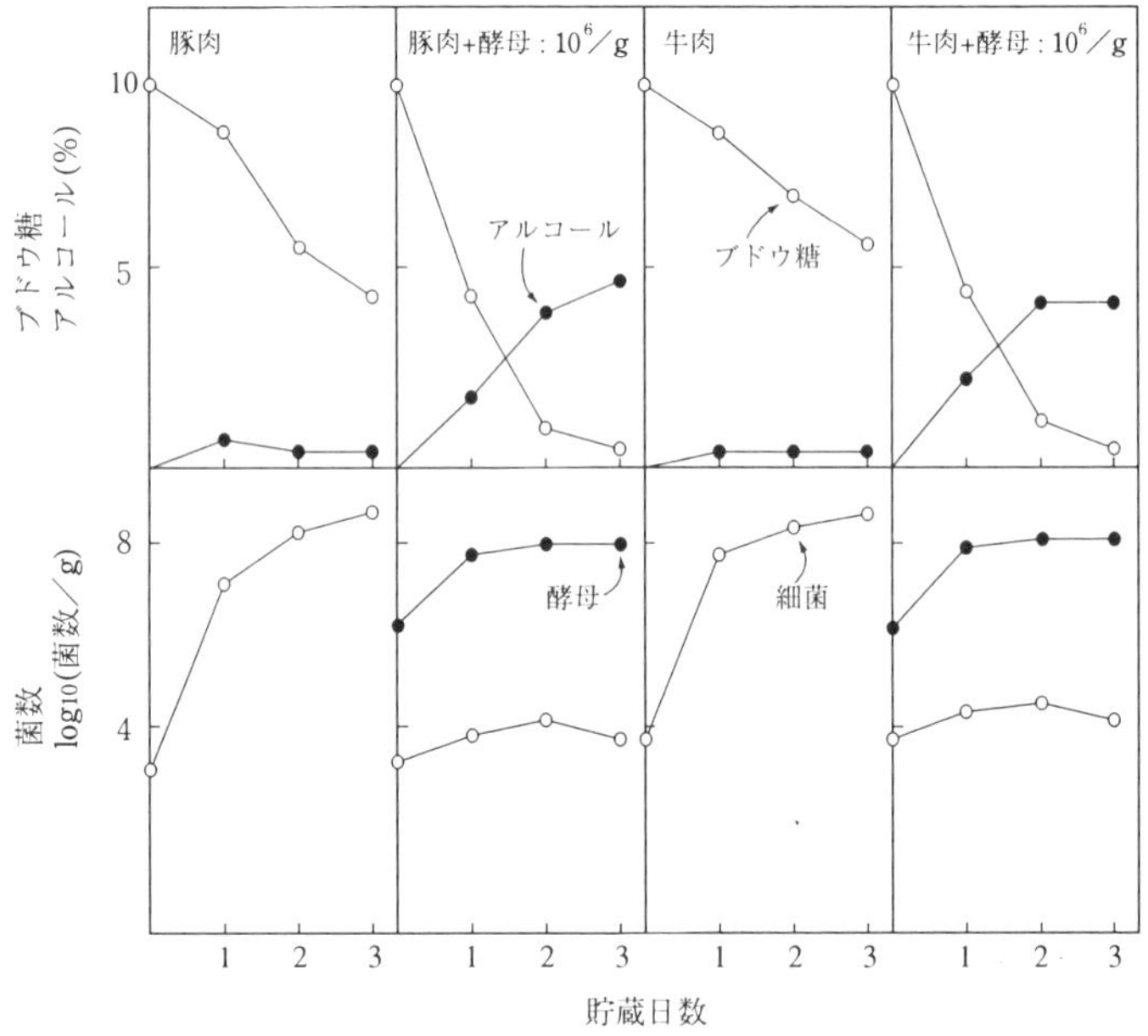

図 5　生の畜肉の保蔵とアルコール発酵の効果

これら脂肪酸は、塩蔵下では分解されやすいが、アルコール発酵処理下では分解が緩やかになるという結果を得ている。

生肉へのアルコール発酵処理のほかの応用例として、香味の改善された魚醤・肉醤の製造が考えられる。イワシやアジなどの小魚に糖と酵母を加えた条件下で長期間自己消化を行なったり、あるいは麹や低濃度の食塩を添加して味に深みのある、しかも臭みのない調味液をつくることもおもしろい問題であろう。かなりの量の汚染菌を含むタンパク原料であっても、最初の二〜三日間低温で発酵させれば、以後室温でも腐敗は進行しない。水分を多くして原料タンパク質をアミノ酸にまで完全分解させれば、液体調味料がつくられる。水分を少なくして原料タンパク質の分解を中断すればペースト発酵となり、アルコールを除去すれば無塩ペプチド食品の製法となる。一方、大豆やグルテンとデンプン—麹（酵素剤）あるいは糖類、多量の水を原料として、低温下で腐敗臭の生成を完全に抑制しつつアルコール発酵させて、タンパク質の分解を中断すれば、ペプチド・アルコール飲料（ペプチド発酵酒と再製酒）ができる。

アルコール発酵を利用する生の魚肉・畜肉の保蔵では、肉組織自体が発酵分解されるのではなく、肉という固体の状態を保持しつつ糖液のみが発酵されるということで、この場合は擬似固体発酵と称したほうが正しいと思われる。

文献

栃倉辰六郎「高エネルギー制御発酵の開発と稀少酵素の生産ならびに応用」『日本農芸化学会誌』六三巻一四三頁　一九八九

栃倉辰六郎「微生物のATPエネルギー変換機能の利用」『化学と生物』三一巻六三九頁　一九九三

栃倉辰六郎「発酵食品産業の活性化と微生物生化学の新しい貢献」『日本醤油研究所雑誌』一九巻五七頁　一九九三

栃倉辰六郎「食品工業における微生物の新しい利用」『味噌の科学と技術』四二巻二三五頁　一九九四

[ハ　行]

[マ　行]

［タ　行］

［ナ　行］

［カ　行］

［サ　行］

[ア　行]

索　引

[種　名]

田中健治（たなか・けんじ）
昭和31年、東京大学教養学部教養学科（科学史・科学哲学）卒。昭和36年、東京大学大学院生物系研究科修了。理学博士。名古屋大学名誉教授。

栃倉辰六郎（とちくら・たつろくろう）
昭和26年、京都大学農学部農林化学科卒。農学博士。神戸女子大学名誉教授。京都大学名誉教授。

中瀬　崇（なかせ・たかし）
昭和37年、鳥取大学農学部農芸化学科卒。農学博士。現在、独立行政法人製品評価技術基盤機構顧問。

福井作蔵（ふくい・さくぞう）
昭和22年、京都大学農学部農林化学科卒。農学博士。広島大学名誉教授。福山大学名誉教授。

堀江義一（ほりえ・よしかず）
昭和44年、玉川大学農学部農芸化学科卒。薬学博士。現在、千葉県立中央博物館上席研究員。

宮治　誠（みやじ・まこと）
昭和43年、千葉大学大学院医学研究科修了。医学博士。現在、千葉大学名誉教授。千葉大学ベンチャー㈱ファースト・ラボラトリーズ代表取締役。

執筆者一覧（五十音順）

〈編著者〉

小崎道雄（こざき・みちお）

昭和21年、東京農業大学農学部農学科卒。農学博士。東京農業大学名誉教授。

椿　啓介（つばき・けいすけ）

昭和23年、東京農業大学農学部農芸化学科卒。理学博士。筑波大学名誉教授・東京農業大学客員研究員。

〈執筆者〉

石崎文彬（いしざき・あやあき）

昭和36年、九州大学農学部農芸化学科卒。農学博士（九州大学）。元、九州大学農学部教授。

大嶋泰治（おおしま・やすじ）

昭和35年、大阪大学大学院工学研究科博士課程修了。工学博士。大阪大学名誉教授。

後藤昭二（ごとう・しょうじ）

昭和24年、東京物理学校卒。農学博士。山梨大学名誉教授。

駒形和男（こまがた・かずお）

昭和23年、盛岡農林専門学校農芸化学科卒。農学博士。東京大学名誉教授。

カビと酵母―生活の中の微生物― ［新装版］

2007年8月30日　初版第1刷発行

編著者　小　崎　道　雄
　　　　椿　　　啓　介
発行者　八　坂　安　守
印刷所　三協美術印刷㈱
製本所　ナショナル製本協同組合

発行所　㈱八　坂　書　房
〒101-0064 東京都千代田区猿楽町1-4-11
TEL 03-3293-7975　FAX 03-3293-7977
http://www.yasakashobo.co.jp

ISBN978-4-89694-896-7

◆関連書籍のご案内

乳酸菌
―健康をまもる発酵食品の秘密
小崎道雄著

ヨーグルトから酒、酢、醤油、パン、お茶、漬け物などなど、乳酸菌がかかわってうま味を増すさまざまな食べ物を世界各地から紹介する。その味わいや人々との関わり、働く菌の種類など、乳酸菌食文化の話題を満載。

四六　並製　三三〇頁　二六〇〇円

ヨーグルトの科学
―乳酸菌の贈り物
細野明義著

ヨーグルトはなぜ健康によいか。乳酸菌が作り出すヨーグルト成分や善玉菌が生活習慣病予防・免疫力増強等にプラスに働く理由を科学の目でわかりやすく解説。ヨーグルトを活かした健康生活のための知識を満載。

四六　並製　二四〇頁　二〇〇〇円

菌食の民俗誌
―マコモと黒穂菌の利用
中村重正著

縄文以前から利用されてきたマコモが、新しい野菜として蘇ろうとしている。日本人とマコモの関わりを豊富な民間祭祀や神事に探り、黒穂菌が作り出す不思議な野菜マコモタケや健康食品ワイルドライス（マコモノミ）の可能性を紹介する。

四六　上製　二一八頁　二六〇〇円

＊価格は税別価格

◆関連書籍のご案内

日本酒の起源
―カビ・麹・酒の系譜

上田誠之助著

日本酒は蒸した米粒にカビを生やし、それを発酵させて造る。この日本独特の酒造りは、どのようにして生まれてきたか？ 縄文時代の口噛み酒や、神社に残る御神酒造りなど、古代の酒造りを実際に試しながら、日本酒の起源を探る！

四六 上製 二〇八頁 二二〇〇円

乳酒の研究

越智猛夫著

中国、モンゴルでの共同研究に基づき、乳酒をめぐる食習慣、乳文化の全貌を詳述。仏教との関わり、本草学との関連など、幅広い視点から乳利用を考える。文化的資料価値の高い研究書。

A5 上製 四一〇頁 九五一五円

きのこ博物館

根田 仁著

シイタケ、シメジ、マツタケ、ヒラタケ、マンネンタケ、サルノコシカケ、ツキヨタケなど、食用・薬用から毒きのこまでを多数取り上げ、名前の由来や利用の仕方、故事来歴などなどを幅広く紹介。身近なきのこと人の関わりを語り尽くす。

四六 上製 二〇四頁 二〇〇〇円

＊価格は税別価格

◆関連書籍のご案内

森のきのこたち
―種類と生態

柴田　尚著

富士山、八ヶ岳など亜高山帯の森林を中心に、そこに生きるきのこ一〇〇選をカラーで紹介。分布、発生地、発生季節、特徴などを解説。なぜそこにきのこが生えているのか、樹木によって生えるきのこが違う理由などを詳説。

Ａ5　並製　二〇八頁　二〇〇〇円

都会のキノコ
―身近な公園キノコウォッチングのすすめ

大舘一夫著

公園や街路樹、河原の土手や生垣など、わずかに残された自然空間にしたたかに生きるきのこ達の姿を紹介し、きのこを楽しむ方法を伝授する。身近な自然を見直す格好の案内書。都会のキノコ一〇〇選を美しいカラー写真で収録。

四六　並製　二四〇頁　一八〇〇円

都会のキノコ図鑑

大舘一夫・長谷川明監修／都会のキノコ図鑑刊行委員会著

自然観察会や講演で活躍するキノコの専門家がおくるキノコ図鑑。身近な森林公園や都市公園、街路や生垣などで見かけるキノコ二六七種を取り上げ、名前や特徴、面白い性質などを紹介。美味しいきのこ・毒きのこなどなどキノコの素性が分かる！

四六　並製　二七二頁　二〇〇〇円

＊価格は税別価格